室内设计
节点工艺构造手册
楼梯·护栏·卫生间

锦唐艺术　编著

辽宁美术出版社

图书在版编目（ＣＩＰ）数据

室内设计节点工艺构造手册．楼梯·护栏·卫生间 ／
锦唐艺术编著．— 沈阳：辽宁美术出版社，2023.1

ISBN 978-7-5314-9199-6

Ⅰ．①室… Ⅱ．①锦… Ⅲ．①住宅－楼梯－室内装饰
设计－手册②住宅－栏杆－室内装饰设计－手册③住宅－
卫生间－室内装饰设计－手册 Ⅳ．①TU241-62

中国版本图书馆CIP数据核字（2022）第100488号

出 版 者：辽宁美术出版社
地　　址：沈阳市和平区民族北街29号　邮编：110001
发 行 者：辽宁美术出版社
印 刷 者：北京军迪印刷有限责任公司
开　　本：889mm×1194mm　1/16
印　　张：16.5
字　　数：180千字
出版时间：2023年1月第1版
印刷时间：2023年1月第1次印刷
责任编辑：严赫
版式设计：理想·宅
封面设计：理想·宅
责任校对：郝刚
ISBN 978-7-5314-9199-6
定　　价：1980.00元（全六册）

邮购部电话：024-83833008
E-mail：lnmscbs@163.com
http://www.lnmscbs.cn
图书如有印装质量问题请与出版部联系调换
出版部电话：024-23835227

目 录 CONTENTS

卫生间

1

不同结构楼梯节点

楼梯是楼房建筑的重要构件，是建筑楼层上下联系的重要竖向交通设施。楼梯可以影响建筑空间的构成和建筑的形式，它的动感及其对视觉的冲击力，是建筑设计中最为活跃的因素之一，所以楼梯又被称为"小建筑"。

在室内装饰工程中，楼梯装修是重要的细部设计之一。楼梯的组成部件主要包括梯段、楼梯平台和栏杆、栏板扶手三个部分。本章以平面形式划分不同楼梯类型，并列举出常见材料结构楼梯的施工工艺。

1.1
玻璃结构直跑楼梯

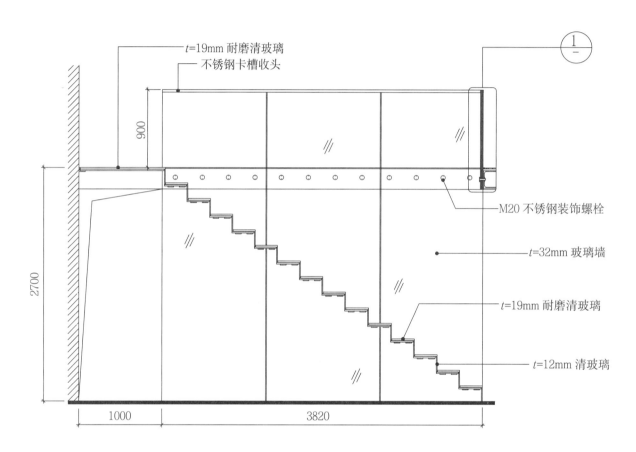

t=19mm 耐磨清玻璃
不锈钢卡槽收头
900
2700
1000
3820
M20 不锈钢装饰螺栓
t=32mm 玻璃墙
t=19mm 耐磨清玻璃
t=12mm 清玻璃
单位：mm

玻璃结构直跑楼梯立面图

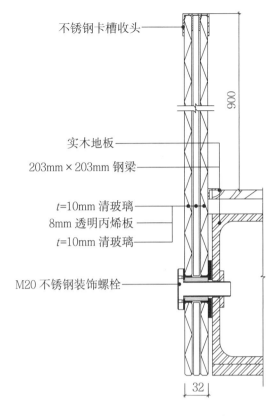

不锈钢卡槽收头

900

实木地板

203mm×203mm 钢梁

t=10mm 清玻璃
8mm 透明丙烯板
t=10mm 清玻璃

M20 不锈钢装饰螺栓

32

单位：mm

玻璃结构直跑楼梯节点图

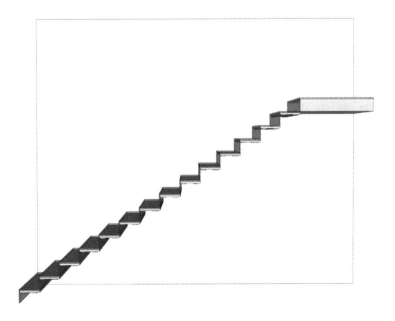

扫 / 码 / 观 / 看
"玻璃结构直跑楼梯"三
维节点动图

玻璃结构直跑楼梯三维示意图

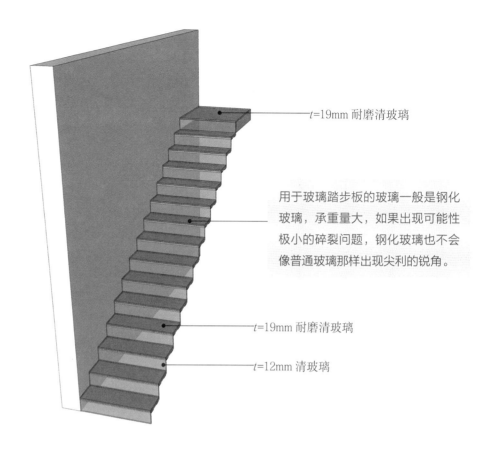

t=19mm 耐磨清玻璃

用于玻璃踏步板的玻璃一般是钢化玻璃，承重量大，如果出现可能性极小的碎裂问题，钢化玻璃也不会像普通玻璃那样出现尖利的锐角。

t=19mm 耐磨清玻璃

t=12mm 清玻璃

玻璃结构直跑楼梯三维示意图解析

工艺解析

将楼梯的高度重新核对，看与图纸高度是否吻合。确定楼梯上挂和底座的位置，"L"形的楼梯需要确定转弯处地支撑或墙支撑的详细位置。确定好后固定上挂和底座。

先确定所需安装立柱的位置，打眼安装立柱。然后固定立柱底座，将上面的配件拧松，装拉丝和扶手。将拉丝和扶手安装好后调节至最合适的位置，拧紧所有围栏上面的螺丝。

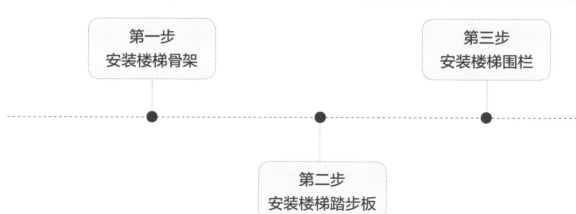

第一步
安装楼梯骨架

第三步
安装楼梯围栏

第二步
安装楼梯踏步板

将踏步取出，确定楼梯踏步板的安装位置。从上至下逐步安装，有踏步小支撑的，还要调节小支撑的高度，然后打眼将小支撑与踏步板连接。每一个踏步板均如此安装。

玻璃结构直跑楼梯实景效果图

玻璃楼梯视觉上较为通透轻盈，给
人以活泼感，适合现代风格的建筑。

1.2
大理石结构直跑楼梯

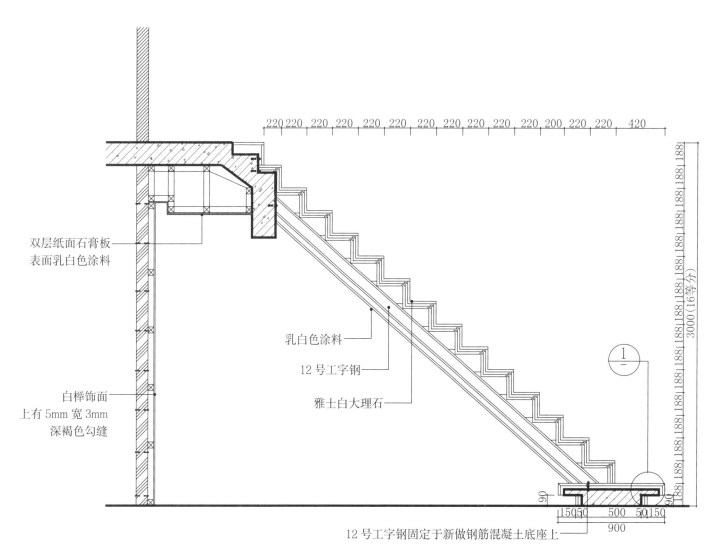

双层纸面石膏板
表面乳白色涂料

白桦饰面
上有5mm宽3mm
深褐色勾缝

乳白色涂料

12号工字钢

雅士白大理石

12号工字钢固定于新做钢筋混凝土底座上

单位：mm

大理石结构直跑楼梯立面图

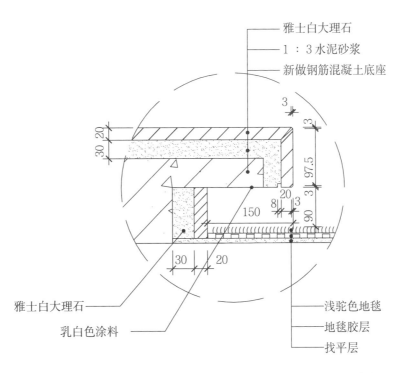

雅士白大理石
1：3水泥砂浆
新做钢筋混凝土底座

雅士白大理石
乳白色涂料

浅驼色地毯
地毯胶层
找平层

单位：mm

大理石结构直跑楼梯节点图

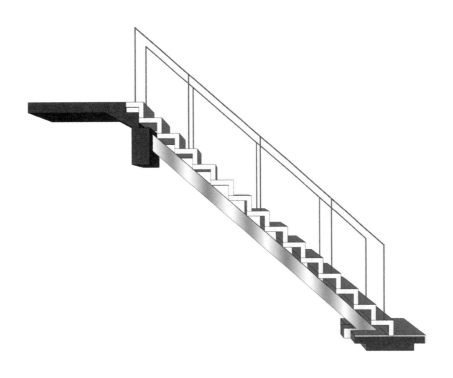

大理石结构直跑楼梯三维示意图

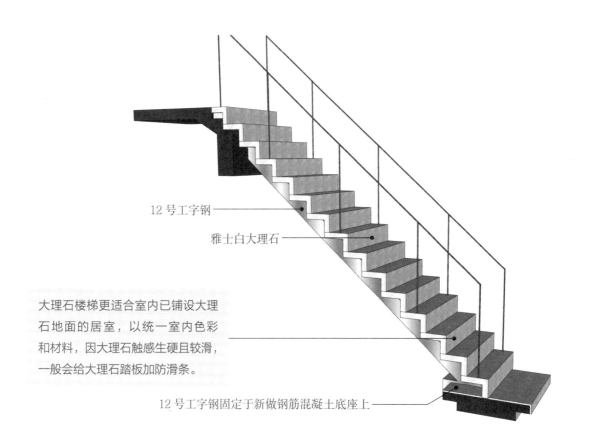

12 号工字钢

雅士白大理石

大理石楼梯更适合室内已铺设大理石地面的居室，以统一室内色彩和材料，因大理石触感生硬且较滑，一般会给大理石踏板加防滑条。

12 号工字钢固定于新做钢筋混凝土底座上

大理石结构直跑楼梯三维示意图解析

/ 楼梯的宽度计算方式 /

① 当楼梯只有一侧有扶手时，计算墙面完成面至扶手中心线的直线距离。

② 当楼梯两侧都有扶手时，应计算扶手中心线到扶手中心线的直线距离。

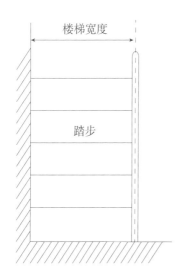

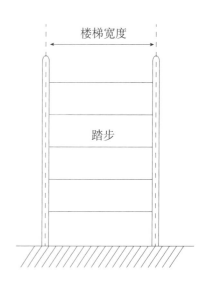

工艺解析

第一步：基层处理

将地面及墙面上的杂物及不平整的位置先处理好。

第二步：放线

根据设计图纸进行测量放线，确定楼板的高度，并在现场标记重要的支点，同时确定预埋位置的尺寸。

第三步：铺设底模

楼板的底模材料通常都以木胶合板为主，一般采用 12mm 厚的整块木胶合板，并在其下方设置 40mm×90mm 的方木楞，木楞的间距通常为 150mm。木楞下采用 ϕ48mm 的钢管牵杠（牵杠是大横杆的俗称。大横杆又称纵向水平杆，俗称顺水杆，是沿脚手架连续布置的纵向水平杆件。它承托小横杆并将荷载传给立杆）。牵杠的间距为 600mm，支撑采用 ϕ48mm 钢管进行整体的排架，间距为 800mm×800mm。

在底模的拼缝处粘设密封胶带，相邻的模板缝处粘设海绵条防止漏浆产生孔洞。

第四步：钢筋绑扎

第五步：安装梯段板侧模

第六步：安装踏步侧模

第七步：模板支撑加固

采用 12 号工字钢在踏步下方进行加固，并在地面的标记处钻孔，将钻孔清理干净，检验合格后再将工字钢的螺栓植入，并用化学固定剂将螺栓固定在孔中。

第八步：浇筑楼梯

在浇筑完成后，需要进行养护，待强度达到标准后，再进行拆模。

第九步：拆除模板

第十步：涂抹水泥砂浆

在需要铺贴大理石的位置，如踏步、踏步侧面及其他位置上涂 1：3 比例的水泥砂浆做黏合剂。

第十一步：铺贴大理石

在相应的位置铺贴大理石，注意对其进行灌缝擦缝处理。

第十二步：安装栏杆

大理石楼梯的装饰效果豪华，易于
保养，防潮耐磨，广泛运用于空间
较大的室内建筑中。

大理石结构直跑楼梯实景效果图

1.3
钢结构双跑楼梯

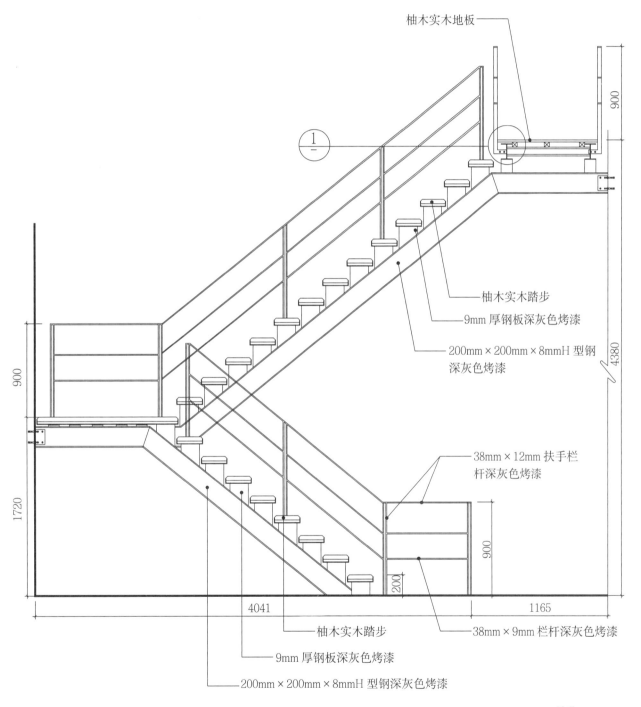

柚木实木地板

柚木实木踏步
9mm 厚钢板深灰色烤漆
200mm×200mm×8mmH 型钢深灰色烤漆

38mm×12mm 扶手栏杆深灰色烤漆

1720

900

900

900

200

4041

1165

4380

柚木实木踏步

9mm 厚钢板深灰色烤漆

200mm×200mm×8mmH 型钢深灰色烤漆

38mm×9mm 栏杆深灰色烤漆

单位：mm

钢结构双跑楼梯立面图

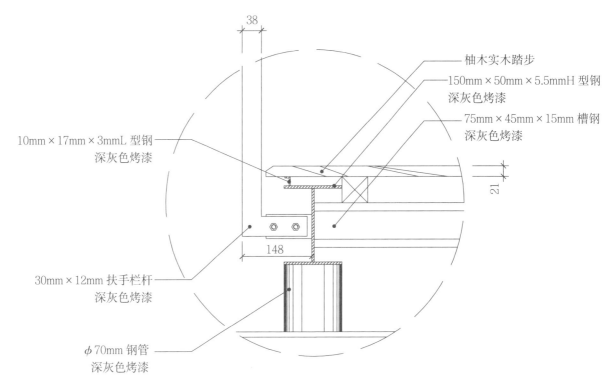

10mm×17mm×3mmL 型钢
深灰色烤漆

柚木实木踏步

150mm×50mm×5.5mmH 型钢
深灰色烤漆

75mm×45mm×15mm 槽钢
深灰色烤漆

30mm×12mm 扶手栏杆
深灰色烤漆

φ70mm 钢管
深灰色烤漆

单位：mm

钢结构双跑楼梯节点图

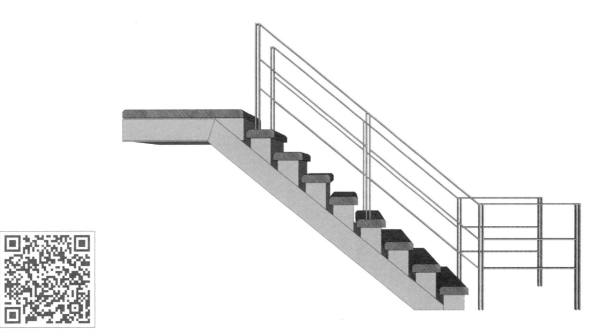

钢结构双跑楼梯三维示意图

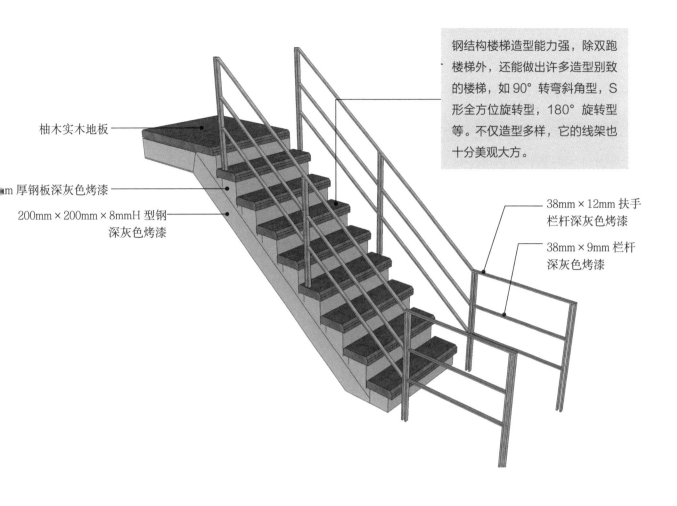

柚木实木地板

m 厚钢板深灰色烤漆

200mm×200mm×8mmH 型钢
深灰色烤漆

钢结构楼梯造型能力强，除双跑
楼梯外，还能做出许多造型别致
的楼梯，如 90° 转弯斜角型，S
形全方位旋转型，180° 旋转型
等。不仅造型多样，它的线架也
十分美观大方。

38mm×12mm 扶手
栏杆深灰色烤漆

38mm×9mm 栏杆
深灰色烤漆

钢结构双跑楼梯三维示意图解析

/ 人流流畅通过所需的楼梯宽度（mm）/

类别	楼梯段	备注
单人通过	≥ 750	不满足单人携物通过
	≥ 900	不满足单人携物通过
双人通过	1100~1400	
多人通过	1650~2100	

注：以每股人流宽度为 550mm+（0~150）mm 为计算依据。　　　　　　　　　　　　　　　　　　单位：mm

工艺解析

第一步：基层处理

将墙面上的杂物及不平整的位置进行处理。

第二步：现场放线

在现场根据楼梯的平面图进行放线，确定楼梯平台位置、楼梯的宽度等，并在墙面上针对不同高度进行放线，标记重要支点，并确定预埋位置的尺寸。

第三步：固定主立柱

根据放线的位置，先固定好主立柱，主立柱能够为楼梯结构增加支撑性。

第四步：焊接中间平台

在放线的位置焊接中间平台，焊接必须采用满焊，专业焊工才能保证钢结构楼梯的焊接质量，并保证楼梯都是满焊且能达到标准。而且所有的钢件都要涂刷防锈漆，特别是焊接点的位置，如此能提高防腐性，有效提高使用寿命。

第五步：安装梯段框架

在墙面的标记处钻孔，并将钻孔处理干净。检验合格后将钢架楼梯的框架用螺栓将其与墙面固定，并用化学固定剂将螺栓固定在孔中。

第六步：安装梯段侧板

第七步：安装踏步角钢

第八步：填充水泥砂浆

第九步：铺贴装饰面层

钢结构楼梯可以铺贴任意的装饰面层，具有超高的可塑性和便捷性。

第十步：安装栏杆

钢结构楼梯在业主上下楼梯时，相比其他材料的楼梯，会产生较大的声响。若业主选择采用钢结构楼梯，可选择铺贴实木踏步以减少噪声。

钢结构双跑楼梯实景效果图

1.4
钢木结构双跑楼梯

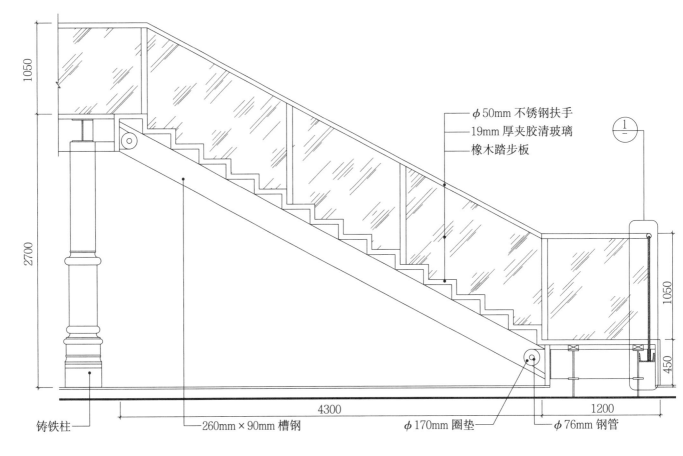

φ50mm 不锈钢扶手
19mm 厚夹胶清玻璃
橡木踏步板

1050

2700

1050

450

4300

1200

铸铁柱

260mm×90mm 槽钢

φ170mm 圈垫

φ76mm 钢管

单位：mm

钢木结构双跑楼梯立面图

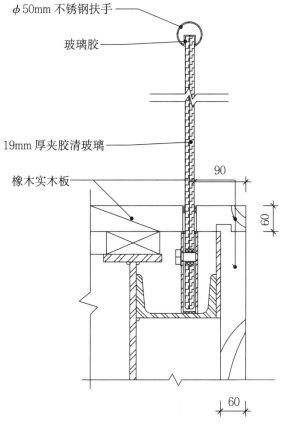

φ50mm 不锈钢扶手

玻璃胶

19mm 厚夹胶清玻璃

橡木实木板

90

60

60

单位：mm

钢木结构双跑楼梯节点图

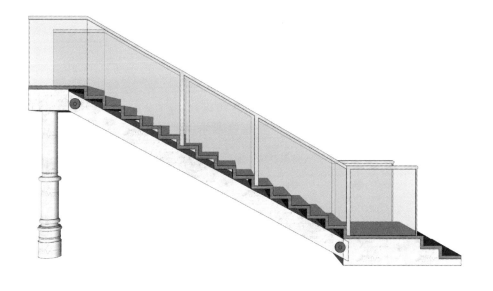

钢木结构双跑楼梯三维示意图

扫 / 码 / 观 / 看
"钢木结构双跑楼梯"三
维节点动图

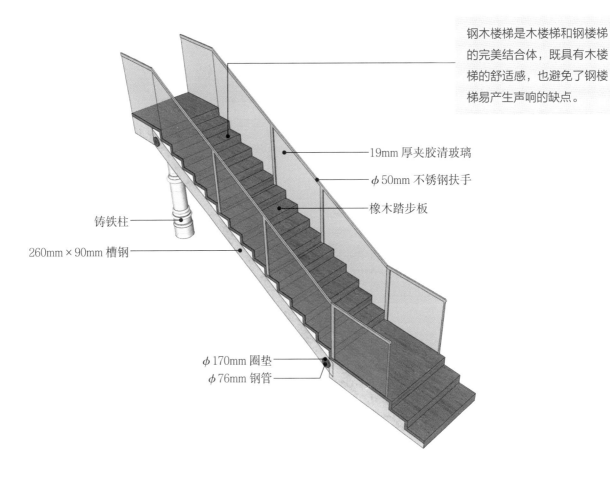

钢木楼梯是木楼梯和钢楼梯的完美结合体，既具有木楼梯的舒适感，也避免了钢楼梯易产生声响的缺点。

19mm 厚夹胶清玻璃

ϕ 50mm 不锈钢扶手

橡木踏步板

铸铁柱

260mm×90mm 槽钢

ϕ 170mm 圈垫

ϕ 76mm 钢管

钢木结构双跑楼梯三维示意图解析

工艺解析

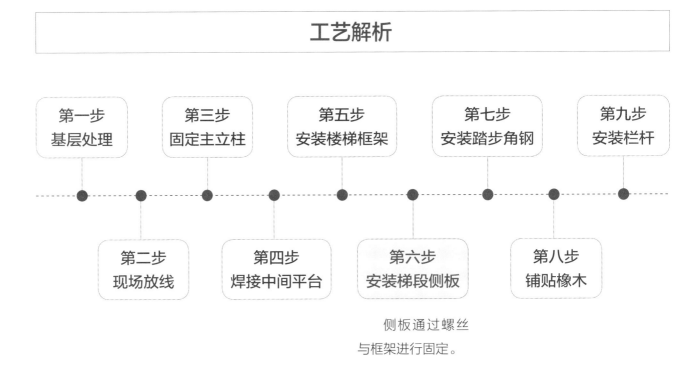

| 第一步 基层处理 | 第三步 固定主立柱 | 第五步 安装楼梯框架 | 第七步 安装踏步角钢 | 第九步 安装栏杆 |

第二步 现场放线

第四步 焊接中间平台

第六步 安装梯段侧板

第八步 铺贴橡木

侧板通过螺丝与框架进行固定。

钢木结构楼梯可以根据室内装修的风格而定，不同款式的楼梯能体现出不同的感觉，且主要骨架为铸钢，硬度强，不易磨损和断裂。

钢木结构双跑楼梯实景效果图

1.5
石木结构双跑楼梯

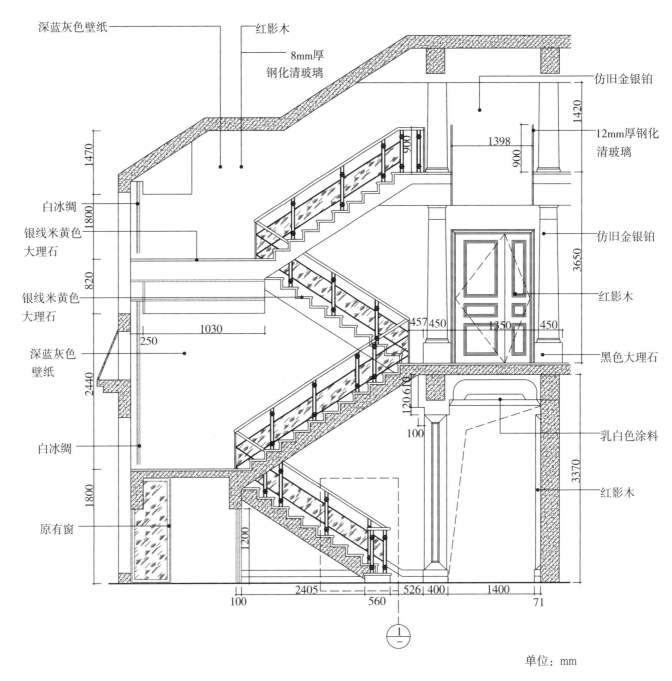

深蓝灰色壁纸

红影木

8mm厚
钢化清玻璃

白冰绸

银线米黄色
大理石

银线米黄色
大理石

深蓝灰色
壁纸

白冰绸

原有窗

仿旧金银铂

12mm厚钢化
清玻璃

仿旧金银铂

红影木

黑色大理石

乳白色涂料

红影木

单位：mm

石木结构双跑楼梯立面图

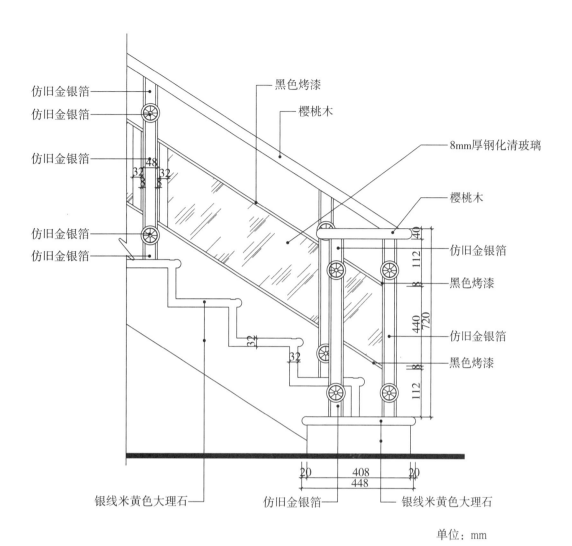

仿旧金银箔
仿旧金银箔
仿旧金银箔
仿旧金银箔
仿旧金银箔

黑色烤漆
樱桃木
8mm厚钢化清玻璃
樱桃木
仿旧金银箔
黑色烤漆
仿旧金银箔
黑色烤漆

银线米黄色大理石
仿旧金银箔
银线米黄色大理石

单位：mm

石木结构双跑楼梯节点图

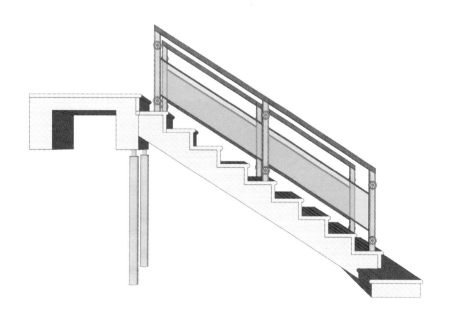

扫 / 码 / 观 / 看
"石木结构双跑楼梯"三
维节点动图

石木结构双跑楼梯三维示意图

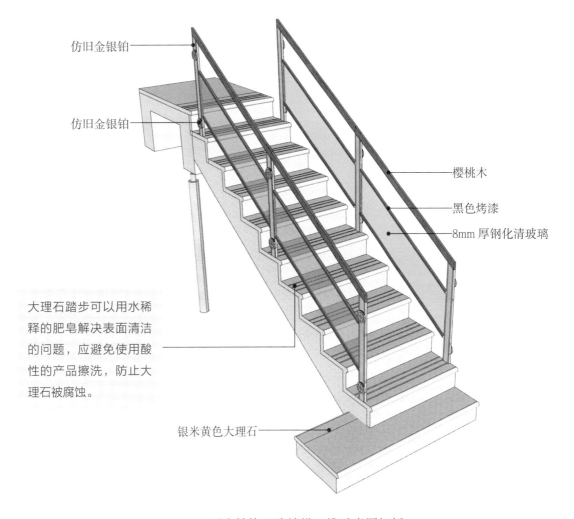

仿旧金银铂

仿旧金银铂

樱桃木

黑色烤漆

8mm 厚钢化清玻璃

大理石踏步可以用水稀释的肥皂解决表面清洁的问题，应避免使用酸性的产品擦洗，防止大理石被腐蚀。

银米黄色大理石

石木结构双跑楼梯三维示意图解析

工艺解析

铺贴石材时，注意踏步侧面与平面的接口处，可选择造型圆角、法国边转角及碰角等形式。

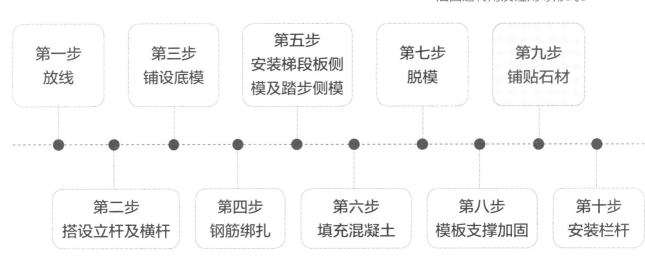

第一步
放线

第二步
搭设立杆及横杆

第三步
铺设底模

第四步
钢筋绑扎

第五步
安装梯段板侧模及踏步侧模

第六步
填充混凝土

第七步
脱模

第八步
模板支撑加固

第九步
铺贴石材

第十步
安装栏杆

光滑美丽的大理石踏步配上坚毅深沉的木质栏杆，为室内增添典雅氛围的同时，还打造出优雅大气的室内装修风格。

石木结构双跑楼梯实景效果图

1.6
混凝土结构双跑楼梯

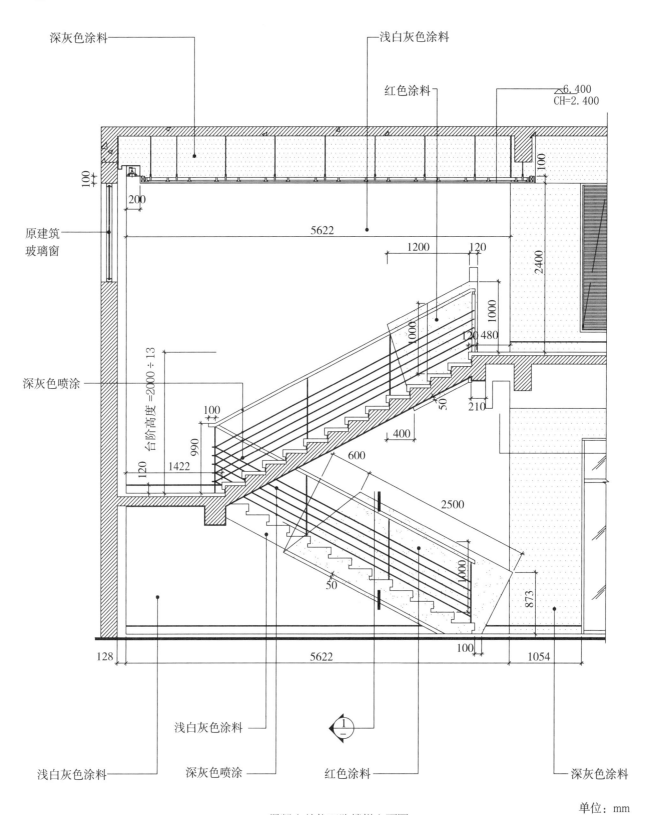

深灰色涂料

浅白灰色涂料

红色涂料

⌐6.400
CH=2.400

原建筑
玻璃窗

深灰色喷涂

台阶高度=2000÷13

混凝土结构双跑楼梯立面图

单位：mm

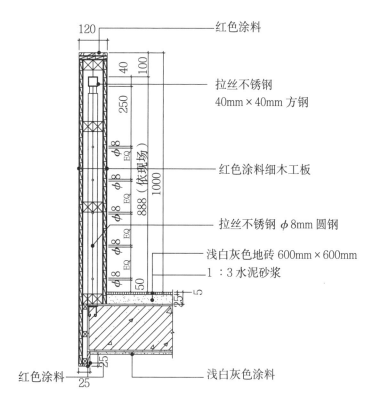

120 — 红色涂料

40
100
拉丝不锈钢
40mm × 40mm 方钢

250
φ8 EQ
φ8 EQ
888（依现场）
1000
红色涂料细木工板

φ8 EQ
φ8 EQ
拉丝不锈钢 φ8mm 圆钢

φ8 EQ
50
浅白灰色地砖 600mm × 600mm
1 : 3 水泥砂浆

25
5

25
红色涂料
25
浅白灰色涂料

单位：mm

混凝土结构双跑楼梯节点图

混凝土结构双跑楼梯三维示意图

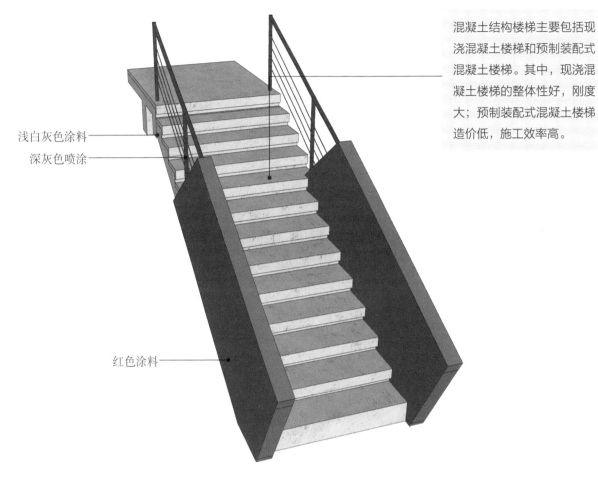

浅白灰色涂料

深灰色喷涂

红色涂料

混凝土结构楼梯主要包括现浇混凝土楼梯和预制装配式混凝土楼梯。其中，现浇混凝土楼梯的整体性好，刚度大；预制装配式混凝土楼梯造价低，施工效率高。

混凝土结构双跑楼梯三维示意图解析

工艺解析

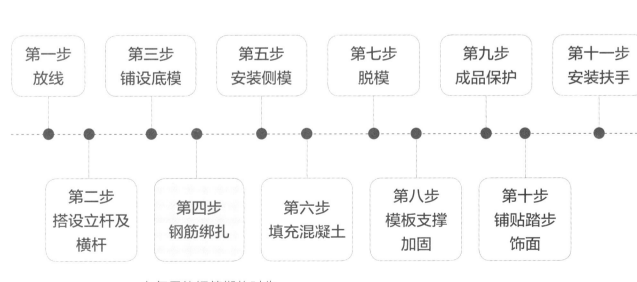

| 第一步 放线 | 第三步 铺设底模 | 第五步 安装侧模 | 第七步 脱模 | 第九步 成品保护 | 第十一步 安装扶手 |

| 第二步 搭设立杆及横杆 | 第四步 钢筋绑扎 | 第六步 填充混凝土 | 第八步 模板支撑加固 | 第十步 铺贴踏步饰面 |

在每层的钢筋绑扎时先把平台预埋钢筋埋入墙体。

混凝土结构双跑楼梯实景效果图

混凝土结构楼梯整体自重大，结构
板较厚，但它更加稳定，不会出现
晃动，使用年限也更长。最常用于
高层写字楼或公寓大楼。

1.7
大理石结构三跑楼梯

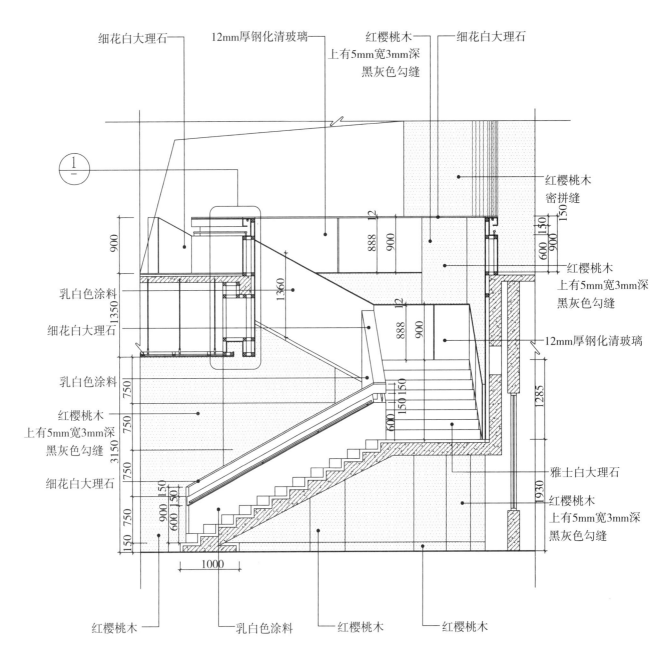

单位：mm

大理石结构三跑楼梯立面图

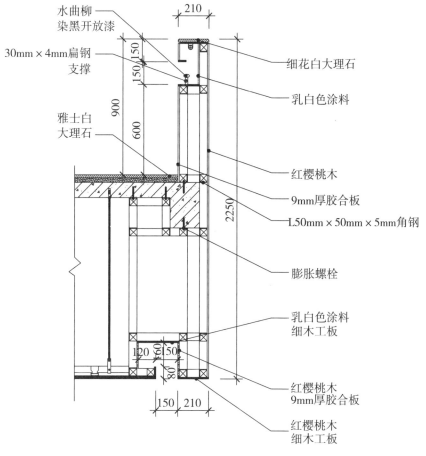

水曲柳
染黑开放漆

30mm×4mm扁钢
支撑

雅士白
大理石

细花白大理石

乳白色涂料

红樱桃木

9mm厚胶合板

L50mm×50mm×5mm角钢

膨胀螺栓

乳白色涂料
细木工板

红樱桃木
9mm厚胶合板

红樱桃木
细木工板

单位：mm

大理石结构三跑楼梯节点图

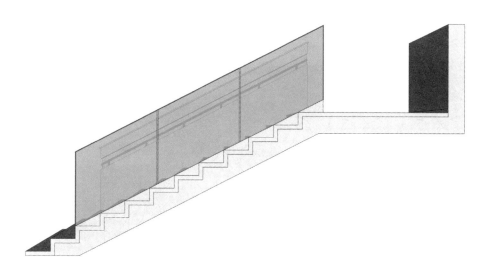

扫 / 码 / 观 / 看
"大理石结构三跑楼梯"
三维节点动图

大理石结构三跑楼梯三维示意图

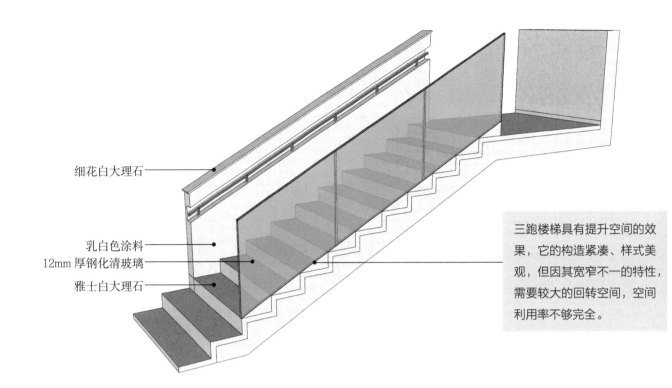

细花白大理石

乳白色涂料
12mm 厚钢化清玻璃
雅士白大理石

三跑楼梯具有提升空间的效果，它的构造紧凑、样式美观，但因其宽窄不一的特性，需要较大的回转空间，空间利用率不够完全。

大理石结构三跑楼梯三维示意图解析

工艺解析

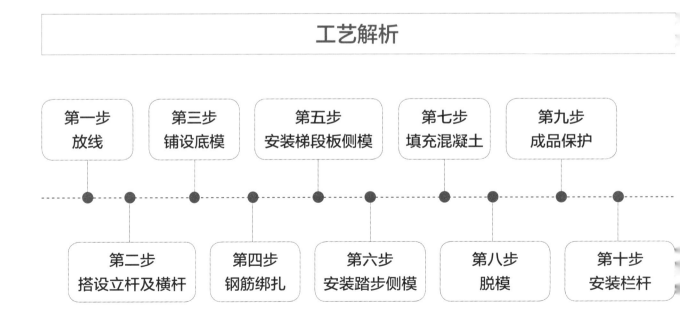

第一步
放线

第二步
搭设立杆及横杆

第三步
铺设底模

第四步
钢筋绑扎

第五步
安装梯段板侧模

第六步
安装踏步侧模

第七步
填充混凝土

第八步
脱模

第九步
成品保护

第十步
安装栏杆

大理石结构三跑楼梯实景效果图

好的大理石楼梯，不仅能起到其本身连接
楼层的作用，还能很好地体现出房子整体
的装饰风格。作为别墅、复式楼及酒店大
堂的楼梯都是很好的选择。

1.8
大理石结构旋转楼梯

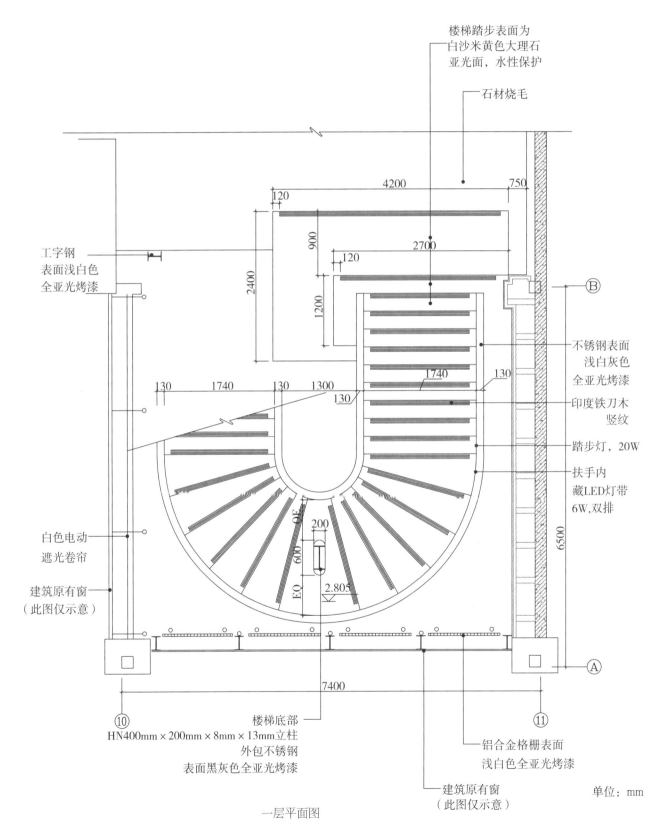

楼梯踏步表面为
白沙米黄色大理石
亚光面，水性保护

石材烧毛

工字钢
表面浅白色
全亚光烤漆

不锈钢表面
浅白灰色
全亚光烤漆

印度铁刀木
竖纹

踏步灯，20W

扶手内
藏LED灯带
6W，双排

白色电动
遮光卷帘

建筑原有窗
（此图仅示意）

4200   750

120

900

2700

120

2400   1200

130   1740   130   1300

130

1740   130

6500

EQ   200

600

EQ   2.805

7400

⑩
HN400mm×200mm×8mm×13mm立柱
外包不锈钢
表面黑灰色全亚光烤漆

楼梯底部

⑪

铝合金格栅表面
浅白色全亚光烤漆

建筑原有窗
（此图仅示意）

单位：mm

一层平面图

Ⓑ

Ⓐ

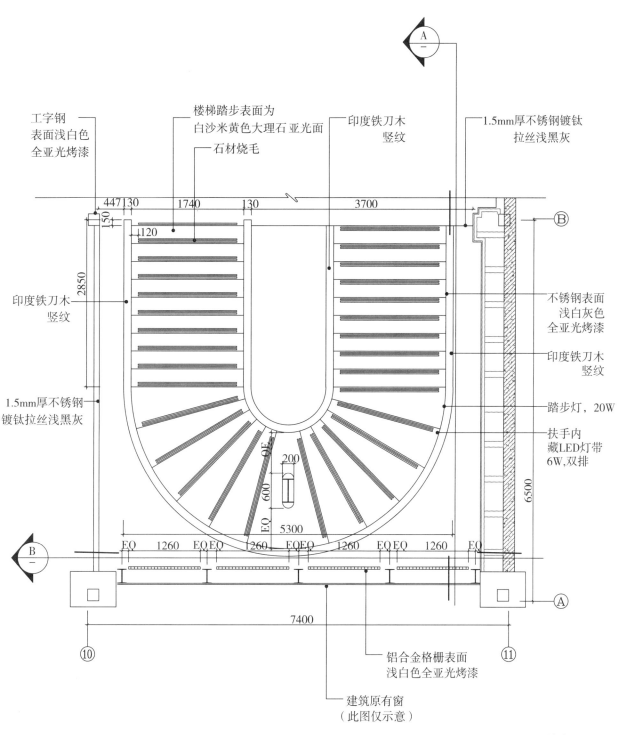

工字钢
表面浅白色
全亚光烤漆

楼梯踏步表面为
白沙米黄色大理石亚光面

印度铁刀木
竖纹

1.5mm厚不锈钢镀钛
拉丝浅黑灰

石材烧毛

印度铁刀木
竖纹

不锈钢表面
浅白灰色
全亚光烤漆

印度铁刀木
竖纹

踏步灯，20W

扶手内
藏LED灯带
6W,双排

1.5mm厚不锈钢
镀钛拉丝浅黑灰

铝合金格栅表面
浅白色全亚光烤漆

建筑原有窗
（此图仅示意）

447 130   1740   130   3700
150
120
2850
EQ
200
600
EQ   5300
EQ 1260 EQEQ 1260 EQEQ 1260 EQEQ 1260 EQ
7400
6500

10   11

A   B

单位：mm

二层平面图

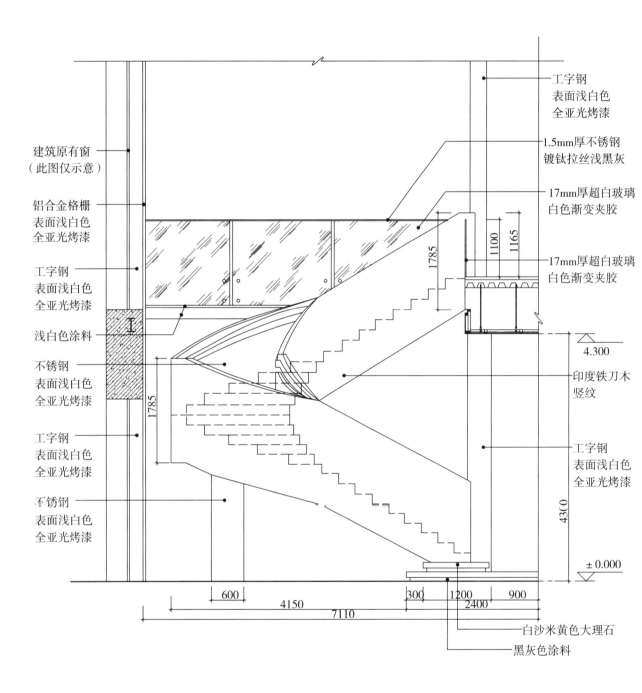

建筑原有窗
（此图仅示意）

铝合金格栅
表面浅白色
全亚光烤漆

工字钢
表面浅白色
全亚光烤漆

浅白色涂料

不锈钢
表面浅白色
全亚光烤漆

工字钢
表面浅白色
全亚光烤漆

不锈钢
表面浅白色
全亚光烤漆

工字钢
表面浅白色
全亚光烤漆

1.5mm厚不锈钢
镀钛拉丝浅黑灰

17mm厚超白玻璃
白色渐变夹胶

17mm厚超白玻璃
白色渐变夹胶

印度铁刀木
竖纹

工字钢
表面浅白色
全亚光烤漆

白沙米黄色大理石

黑灰色涂料

单位：mm

A 立面图

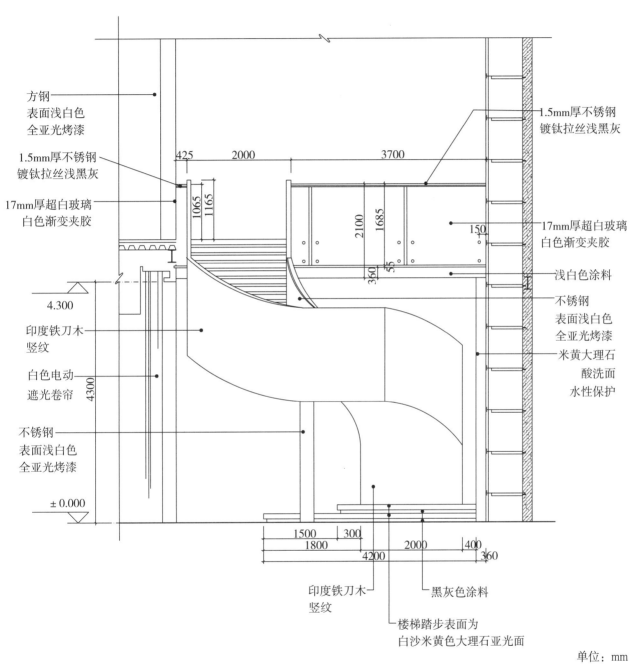

方钢
表面浅白色
全亚光烤漆

1.5mm厚不锈钢
镀钛拉丝浅黑灰

17mm厚超白玻璃
白色渐变夹胶

1.5mm厚不锈钢
镀钛拉丝浅黑灰

17mm厚超白玻璃
白色渐变夹胶

浅白色涂料

不锈钢
表面浅白色
全亚光烤漆

米黄大理石
酸洗面
水性保护

4.300

印度铁刀木
竖纹

白色电动
遮光卷帘

不锈钢
表面浅白色
全亚光烤漆

± 0.000

425   2000   3700

1065 1165   2100 1685   360 55   150

4300

1500   300
1800
2000   400
4200   360

印度铁刀木
竖纹

黑灰色涂料

楼梯踏步表面为
白沙米黄色大理石亚光面

单位：mm

B 立面图

大理石结构旋转楼梯三维示意图

旋转楼梯较强的设计感，很
好装饰室内的同时，占地面
积较小，提升空间利用率。
但由于楼梯呈螺旋上升的状
态，安全性较低，且易发生
晃动。

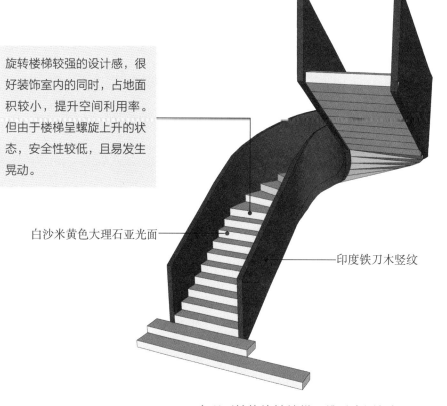

白沙米黄色大理石亚光面

印度铁刀木竖纹

大理石结构旋转楼梯三维示意图解析

工艺解析

第一步：放线

根据施工图纸找到圆心的位置，然后以圆心从内弧到外弧的距离为半径，在地面上弹出两条半圆弧作为旋转楼梯的水平投影线，做基准线。

第二步：定点

根据图纸所提供的角度，将经纬仪放在圆心上，在外圆弧上分出每个踏步和休息平台的宽度，定出分隔点。

第三步：挂线

在上层楼梯口的位置固定一根木方，在木方的中间定出一个点，使其与地面上的圆心重合，利用这两点进行挂线，并在线上画出每个踏步的高度，建立中垂线。如此，能从垂直和水平两个方向上控制踏步。

第四步：定梯段底板线

按照梯段板的厚度、下反尺寸，每个踏步反出一个点，将各点相连后，即可定出梯段地板线。

第五步：固定横杆和立杆

在楼梯磴角的位置安装立杆，在立杆上放置可调节的 U 形顶托，用扣件将横杆与立杆进行连接，然后用扣件连接内圆与外圆的弧形钢管，也可以使用短钢管进行拼接。

第六步：安装底模

在弧形的钢管上铺设配制好的梯底模板，楼梯底模板可以选用竹胶板模板，木方子做次楞，根据内外圆梯底的标高示意图来调整顶托，定出相应标高。

第七步：安装侧模板

在底模固定好后，安装侧模板，侧模板可以选用较薄一点的竹胶板，用木方做次楞，找正，然后加固。

第八步：绑扎钢筋

在内外圆挑檐部分的底模和侧模板的位置，绑扎挑檐钢筋。

第九步：浇筑混凝土

第十步：脱模

第十一步：成品保护

大理石结构旋转楼梯实景效果图

大理石结构旋转楼梯弯曲自然、恢宏大气，可以聚焦空间内人群的视线，是室内空间的视觉中心。

2

踏步节点

　　楼梯踏步是梯段的重要组成部分，其水平表面为踏步面，垂直部分为踏步踢板，踏步前端边缘为踏步前缘。《民用建筑设计通则》中规定，每个梯段的踏步不应超过 18 级，亦不应少于 3 级，踏步少于 3 级应设为坡道。

　　总的来说，楼梯踏步主要有木质、砖石、玻璃、塑胶等几种，可以根据室内风格、颜色结合楼梯的建筑方式来进行具体挑选，同时宜结合家庭人口情况，如有老人和小孩就要考虑舒适性和防滑等。

2.1
石材踏步

▶▶ 石材踏步（混凝土楼梯）

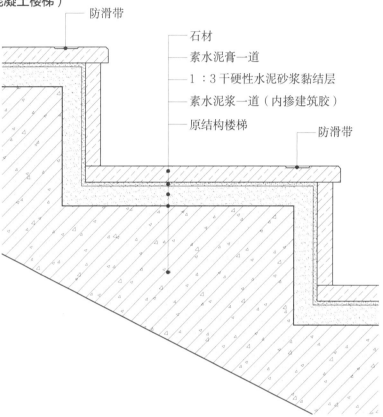

石材踏步（混凝土楼梯）节点图

- 防滑带
- 石材
- 素水泥膏一道
- 1：3干硬性水泥砂浆黏结层
- 素水泥浆一道（内掺建筑胶）
- 原结构楼梯
- 防滑带

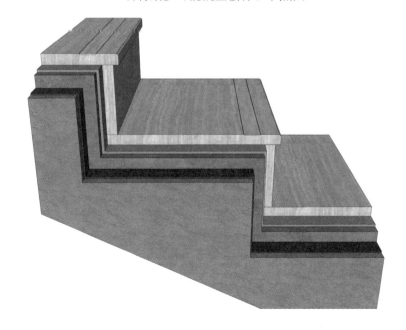

石材踏步（混凝土楼梯）三维示意图

扫 / 码 / 观 / 看
"石材踏步（混凝土楼梯）"三维节点动图

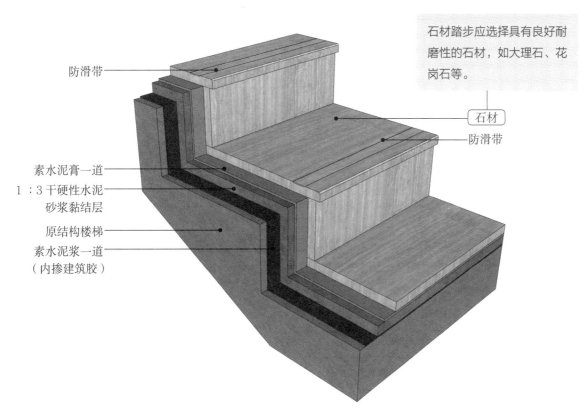

石材踏步应选择具有良好耐磨性的石材，如大理石、花岗石等。

防滑带

素水泥膏一道

1：3干硬性水泥砂浆黏结层

原结构楼梯

素水泥浆一道（内掺建筑胶）

石材

防滑带

石材踏步（混凝土楼梯）三维示意图解析

/ 踏步的分类 /

木质踏步

特点：木质踏步是最常见的踏步材料，可分为超耐磨、强化和实木三种。超耐磨型容易热胀冷缩，价格比较便宜；强化型比较稳定，不易变形；实木型价格较贵，与地板一样，花纹自然，养护比较麻烦，根据树种的不同每平方米的价格也不同。通常会根据家居空间的装饰风格来选择踏步材料

人造石材

特点：砖石类踏步包含天然石材和瓷砖两大类，包括大理石、花岗岩和瓷砖等，款式非常多，也是比较常见的一种楼梯踏步材料，相对来说耐磨度、稳定度都比较高，但是触感比木材要冷硬很多，且容易滑倒，所以需要止滑垫、防滑条，不太适合有老人和孩子的家庭

玻璃踏步

特点：玻璃踏步出现在家居环境中比较少，并不是所有的楼梯都能够使用玻璃踏步，需要底部为钢结构的款式才能够使用。玻璃踏步相比其他几种来说，非常个性、时尚，养护方便，虽然做了钢化处理也不能用重物来磕碰，比较脆弱

塑胶踏步

特点：塑胶踏步的普通款多用于人流比较多的场所，家居中多用仿石材、木纹等款式。塑胶踏步的价格比较低，具有出色的防滑效果，养护比较方便，耐磨、防潮、防虫蛀，但是怕热，用烟头等烫过后会留下明显的痕迹

—————————— / 踏步的尺度规范 / ——————————

　　踏步包括高度和宽度两方面，一般情况下，人的一个脚掌的长度为 260mm，因此踏步的宽度不应小于 260mm，高度则不应大于 175mm，若是超过这个高度会无法迈腿。不同属性的建筑，其踏步的尺度规范也不同，具体见下表。

人流流畅通过所属宽度（mm）		
楼梯类别	最小宽度	最大宽度
住宅楼梯　　住宅公共楼梯	260	175
住宅套内楼梯	220	200
宿舍楼梯　　小学宿舍楼梯	260	150
其他宿舍楼梯	270	165
老年人建筑楼梯　　住宅建筑楼梯	300	150
公共建筑楼梯	320	130
托儿所、幼儿园楼梯	260	130
小学学校楼梯	260	150
人员密集且竖向交通繁忙的建筑和大、中学学校楼梯	280	165
其他建筑楼梯	260	175
超高层建筑核心筒内楼梯	250	180
检修及内部服务楼梯	220	200

工艺解析

第一步：踏步基层安装

经现场支模、配筋，安装踏步阳角角钢及踏步模板将踏步基层一次性浇筑成型。或直接将已制作完成的混凝土踏步基层板搁置在墙上固定作为踏步的基层。

第二步：基层材料处理

对混凝土面进行检查清理，使用水泥砂浆进行找平处理，测出各梯段踏步的踏面和踢面尺寸，按测量出的尺寸加工石材。石材除尺寸应准确外，还需厚度一致，踏面石材外露部分端头要磨光。

第三步：放线

在楼层和休息平台面层标高，从楼梯侧墙弹出一条斜线，休息平台的楼梯起跑处的侧墙上也弹出一条垂直线，两面层标高差除以梯段踏步数，精确到毫米的斜线与垂直线相交，从交点分别向下、向内弹出水平和垂直的各踏步的面层位置控制线。

第四步：踏步面层安装

在水泥砂浆找平层上方刮内掺建筑胶的素水泥膏一道，深色石材背面刮普通硅酸盐水泥砂浆，浅色石材背面刮白水泥砂浆，铺设石材。

第五步：防滑带设置

为防止行走时跌滑，在楼梯踏步表面应采取防滑措施。一般是在踏步边缘设防滑条或留2~3道凹槽。防滑条长度一般按踏步长度每边减去150mm。常用的防滑材料有金刚砂、水泥铁屑、橡胶条、塑料条、金属条、马赛克、缸砖、铸铁和折角铁等。

第六步：完成面处理

对石材拼缝进行灌缝、擦缝处理，最后对石材进行晶面处理。

白色大理石的踏步让楼梯整体干净、整洁，与空间轻奢的基调相符。混凝土楼梯结构结实，但所占空间较大，会产生部分空间浪费的问题，一般会在楼梯的下方做储物空间来辅助收纳。

石材踏步（混凝土楼梯）实景效果图

▶▶ **石材踏步（混凝土楼梯有灯带）**

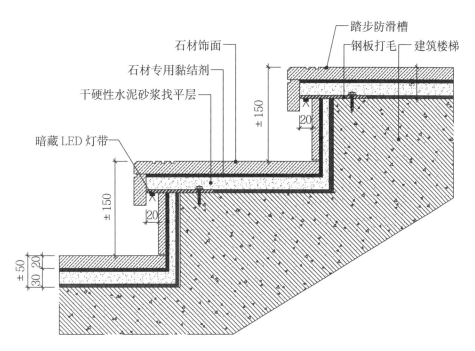

石材饰面
石材专用黏结剂
干硬性水泥砂浆找平层
暗藏 LED 灯带
踏步防滑槽
钢板打毛
建筑楼梯
±150
20
±150
20
±50
30 20

单位：mm

石材踏步（混凝土楼梯有灯带）节点图

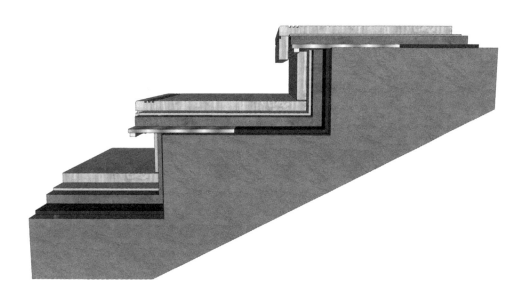

石材踏步（混凝土楼梯有灯带）三维示意图

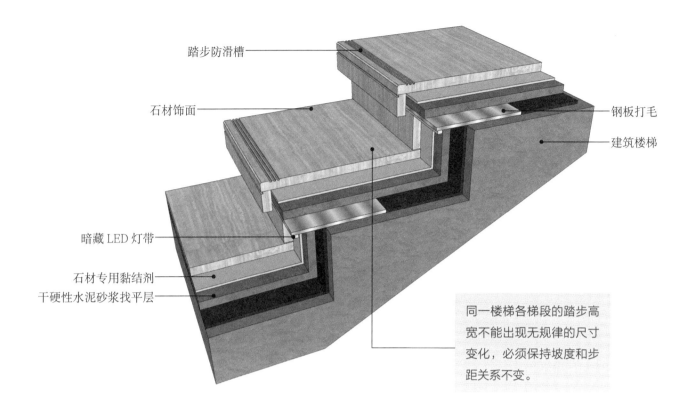

踏步防滑槽

石材饰面

暗藏 LED 灯带

石材专用黏结剂

干硬性水泥砂浆找平层

钢板打毛

建筑楼梯

同一楼梯各梯段的踏步高宽不能出现无规律的尺寸变化，必须保持坡度和步距关系不变。

石材踏步（混凝土楼梯有灯带）三维示意图解析

工艺解析

在踏步踢板与踏步前缘间预留的空间内安装暗藏 LED 灯带。

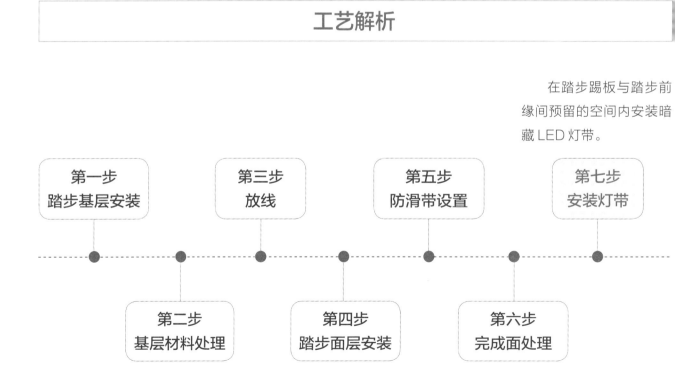

| 第一步 踏步基层安装 | 第三步 放线 | 第五步 防滑带设置 | 第七步 安装灯带 |

| 第二步 基层材料处理 | 第四步 踏步面层安装 | 第六步 完成面处理 |

石材踏步（混凝土楼梯有灯带）实景效果图

在踏步中安装向下照射的灯带，既能对楼梯产生清晰的照射，还能避免人眼产生眩光，进而保护人眼。

▶▶ 石材踏步（钢结构楼梯）

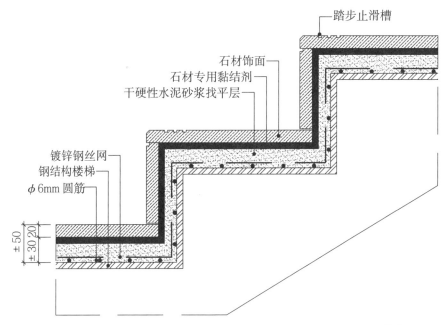

踏步止滑槽

石材饰面
石材专用黏结剂
干硬性水泥砂浆找平层

镀锌钢丝网
钢结构楼梯
ϕ6mm 圆筋

±50
±30 20

单位：mm

石材踏步（钢结构楼梯）节点图

扫／码／观／看
"石材踏步（钢结构楼梯）"三维节点动图

石材踏步（钢结构楼梯）三维示意图

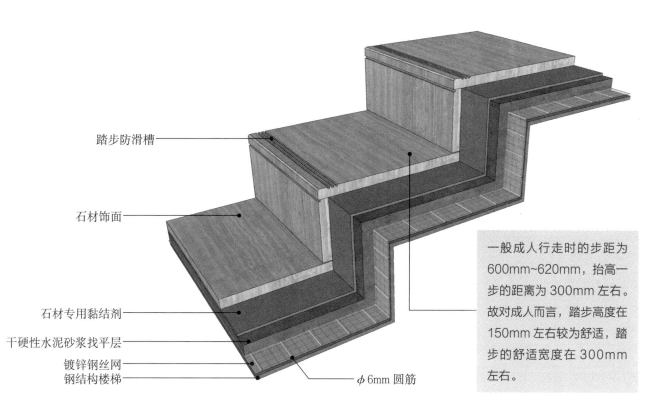

踏步防滑槽

石材饰面

石材专用黏结剂

干硬性水泥砂浆找平层

镀锌钢丝网

钢结构楼梯

ϕ6mm 圆筋

一般成人行走时的步距为 600mm~620mm，抬高一步的距离为 300mm 左右。故对成人而言，踏步高度在 150mm 左右较为舒适，踏步的舒适宽度在 300mm 左右。

石材踏步（钢结构楼梯）三维示意图解析

工艺解析

根据计算书及专业图纸用铸钢管件焊接成钢架楼梯。

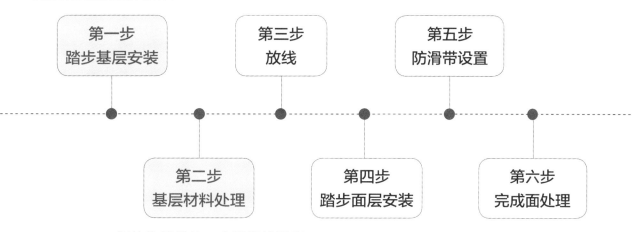

第一步 踏步基层安装

第二步 基层材料处理

第三步 放线

第四步 踏步面层安装

第五步 防滑带设置

第六步 完成面处理

钢结构楼梯按一定间距铺设直径为 6mm 的圆筋，再铺设镀锌钢丝网，用干硬性水泥砂浆进行找平。

石材踏步（钢结构楼梯）实景效果图

钢结构楼梯自重较轻，抗震性能好，可回收利用，节省用地，而且建设工期相对较短，省去了等待现浇混凝土凝固的时间，并且混凝土楼梯工期很容易受到天气的影响。

▶▶ 石材踏步（钢结构楼梯有灯带）

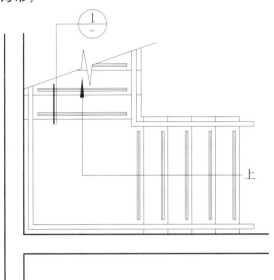

石材踏步（钢结构楼梯有灯带）平面图

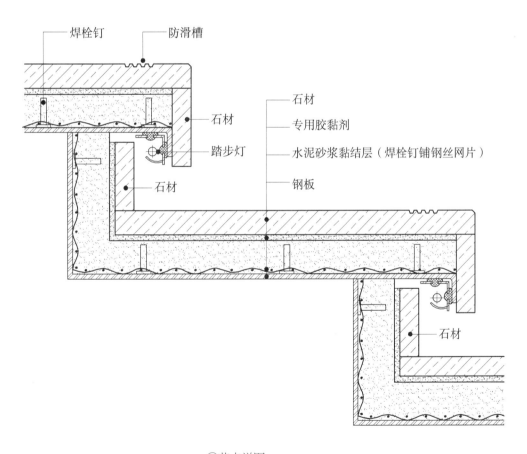

焊栓钉　　　防滑槽

石材

石材

石材

专用胶黏剂

踏步灯

水泥砂浆黏结层（焊栓钉铺钢丝网片）

钢板

石材

①节点详图

石材踏步（钢结构楼梯有灯带）节点图

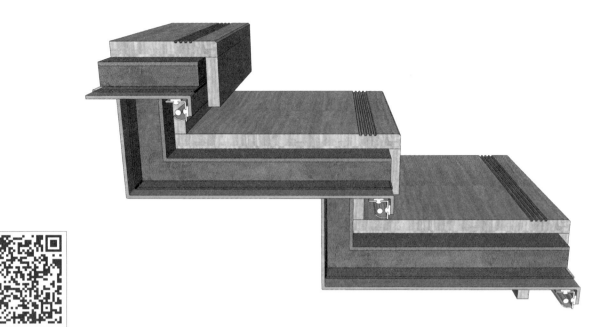

扫 / 码 / 观 / 看
"石材踏步（钢结构楼梯
有灯带）"三维节点动图

石材踏步（钢结构楼梯有灯带）三维示意图

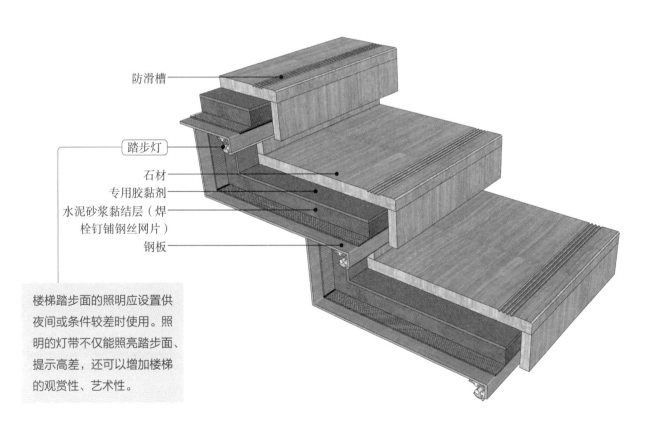

防滑槽

踏步灯

石材

专用胶黏剂

水泥砂浆黏结层（焊
栓钉铺钢丝网片）

钢板

楼梯踏步面的照明应设置供
夜间或条件较差时使用。照
明的灯带不仅能照亮踏步面、
提示高差，还可以增加楼梯
的观赏性、艺术性。

石材踏步（钢结构楼梯有灯带）三维示意图解析

/ 踏步的设计注意事项 /

① 每个楼梯梯段中连续的踏步级数不应超过 18 级，且不能少于 3 级，若大于 18 级则需要增设休息平台。

② 在室内空间中若设有台阶，台阶处的踏步数不应少于 2 级。当高差不足 2 级时，应按坡道设置，而非台阶。

③ 公共建筑室内外的台阶踏步宽度不宜小于 300mm，踏步的高度不宜大于 150mm，且不宜小于 100mm。

④ 踏步应设置防滑的处理措施，如台面拉槽、嵌条等。

工艺解析

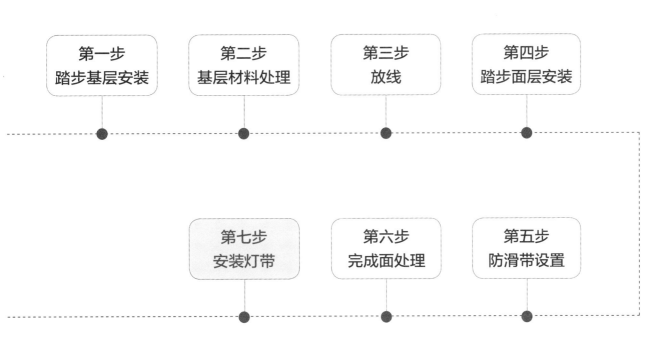

| 第一步 踏步基层安装 | 第二步 基层材料处理 | 第三步 放线 | 第四步 踏步面层安装 |

| 第七步 安装灯带 | 第六步 完成面处理 | 第五步 防滑带设置 |

在踏步踢板与踏步前缘间预留的空间内，安装暗藏 LED 灯带。楼梯踏步的踢板安装可以采用点粘方式直接将石材粘在钢板上。

石材踏步（钢结构楼梯有灯带）实景效果图

颜色明亮、花纹自然的浅色石材踏步，减少了深木色带来的厚重感，放松行人视觉的同时还给人以美观、大方的感受。

2.2
地砖踏步

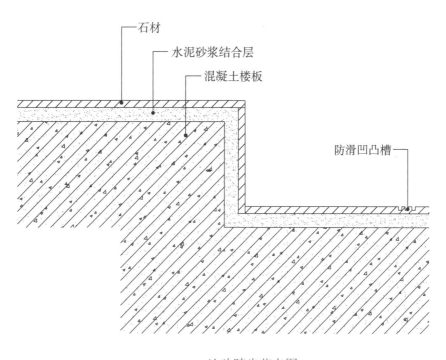

石材
水泥砂浆结合层
混凝土楼板
防滑凹凸槽

地砖踏步节点图

扫 / 码 / 观 / 看
"地砖踏步"三维节点动
图

地砖踏步三维示意图

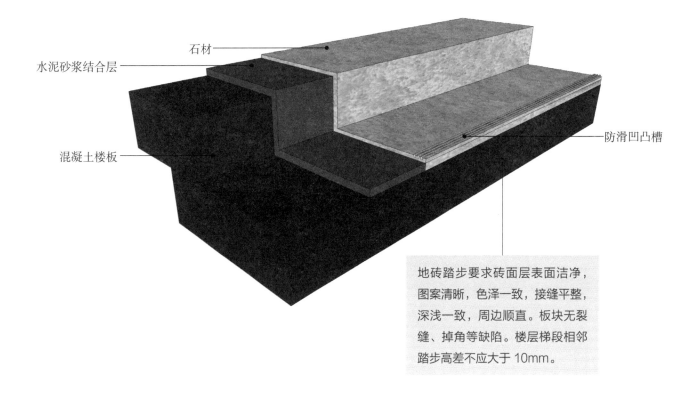

石材

水泥砂浆结合层

混凝土楼板

防滑凹凸槽

地砖踏步要求砖面层表面洁净，图案清晰，色泽一致，接缝平整，深浅一致，周边顺直。板块无裂缝、掉角等缺陷。楼层梯段相邻踏步高差不应大于 10mm。

地砖踏步三维示意图解析

工艺解析

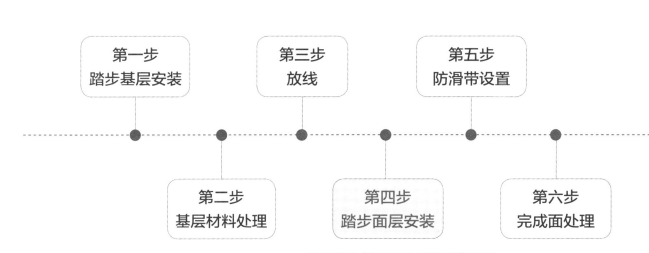

第一步 踏步基层安装

第二步 基层材料处理

第三步 放线

第四步 踏步面层安装

第五步 防滑带设置

第六步 完成面处理

在混凝土基层及防滑地砖背面刮一道水泥砂浆做结合层，从上往下，先立面后平面地铺贴地砖。

地砖踏步实景效果图

地砖踏步相较于石材踏步具有更好的耐磨性，价格相对便宜，但地砖硬脆的特性使其更容易损坏，施工不当会出现起壳剥落的现象，铺贴后还需要进行一段时间的养护。故在选择地砖做楼梯踏步时，需做好一定的取舍。

2.3
木地板踏步

▶▶ **木地板踏步（混凝土楼梯）**

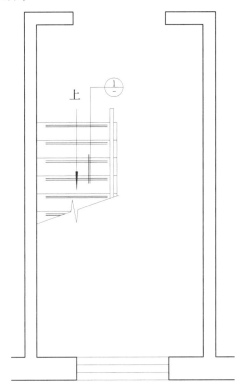

上

木地板踏步（混凝土楼梯）平面图

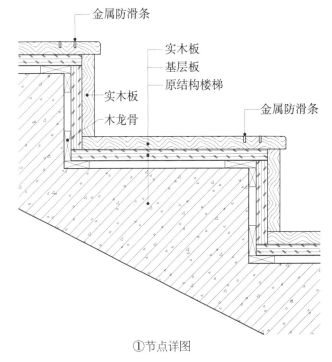

金属防滑条

实木板
基层板
原结构楼梯

实木板

金属防滑条

木龙骨

①节点详图

木地板踏步（混凝土楼梯）节点图

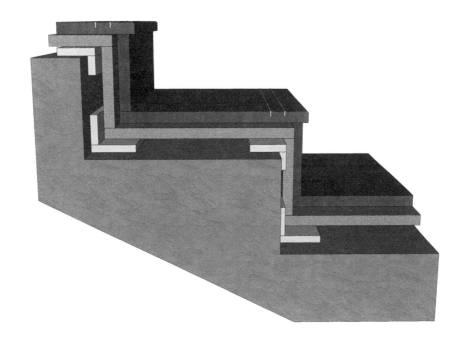

扫 / 码 / 观 / 看
"木地板踏步（混凝土楼
梯）"三维节点动图

木地板踏步（混凝土楼梯）三维示意图

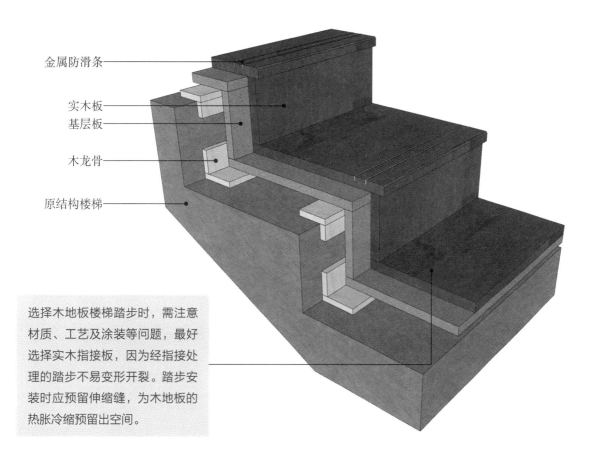

金属防滑条

实木板

基层板

木龙骨

原结构楼梯

选择木地板楼梯踏步时，需注意
材质、工艺及涂装等问题，最好
选择实木指接板，因为经指接处
理的踏步不易变形开裂。踏步安
装时应预留伸缩缝，为木地板的
热胀冷缩预留出空间。

木地板踏步（混凝土楼梯）三维示意图解析

工艺解析

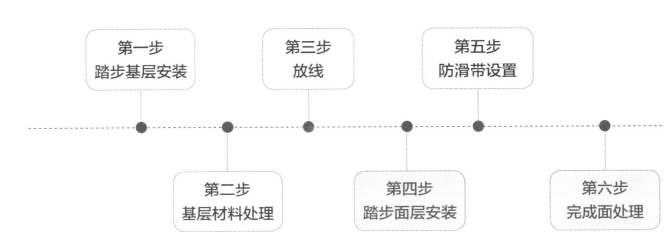

```
第一步          第三步          第五步
踏步基层安装      放线           防滑带设置

第二步          第四步          第六步
基层材料处理      踏步面层安装      完成面处理
```

在原结构楼梯基面设木龙骨，在木龙骨上方再铺设一层基层板，最后再进行木地板踏步的安装，也可用专用胶直接粘贴。木龙骨和基层板均需做防火防腐处理。

将木踏步表面胶迹及污渍清理干净，并做好成品保护，防止污染。

木地板材质的踏步与木色调的空间相呼应，烘托了温馨的氛围。

木地板踏步（混凝土楼梯）实景效果图

木地板踏步（混凝土楼梯）实景效果图

在踏步上设置防滑条起到安全防滑的作用，同时起到修边收口及保护梯级边缘的作用。

►► **木地板踏步（混凝土楼梯有灯带）**

踏步防滑槽

建筑楼梯

实木踏步板

基层板阻燃处理

木龙骨

暗藏 LED 灯带

30

±150

20

±150

30

20

±50

单位：mm

木地板踏步（混凝土楼梯有灯带）节点图

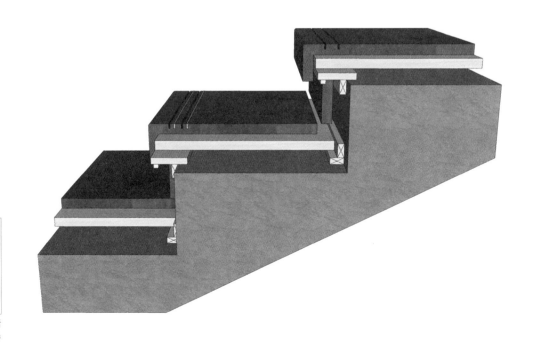

木地板踏步（混凝土楼梯有灯带）三维示意图

扫 / 码 / 观 / 看
"木地板踏步（混凝土楼
梯有灯带）"三维节点动
图

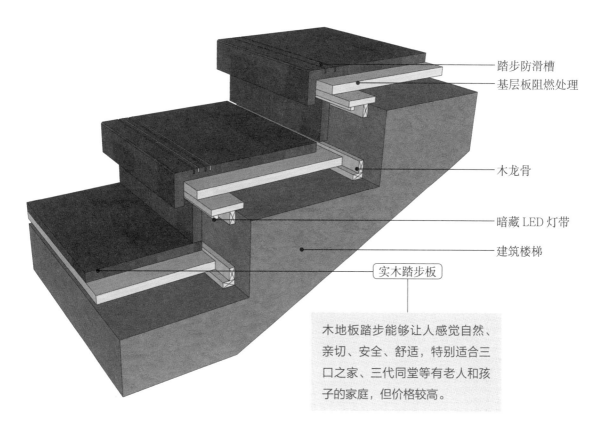

踏步防滑槽
基层板阻燃处理
木龙骨
暗藏 LED 灯带
建筑楼梯
实木踏步板

木地板踏步能够让人感觉自然、亲切、安全、舒适，特别适合三口之家、三代同堂等有老人和孩子的家庭，但价格较高。

木地板踏步（混凝土楼梯有灯带）三维示意图解析

工艺解析

在踏步踢板与踏步前缘间预留的空间内，安装暗藏 LED 灯带。楼梯踏步的踢板安装可以采用点粘方式直接将石材粘在钢板上。

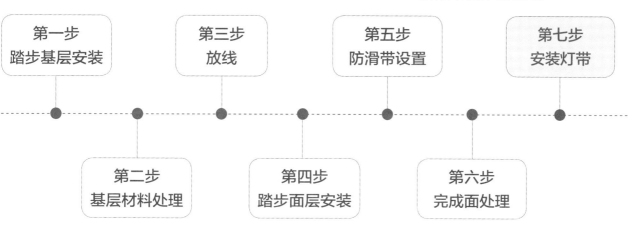

第一步
踏步基层安装

第二步
基层材料处理

第三步
放线

第四步
踏步面层安装

第五步
防滑带设置

第六步
完成面处理

第七步
安装灯带

木地板踏步（混凝土楼梯有灯带）实景效果图

踏步的装饰面层木材可以选择花梨、金丝柚木、樱桃木、山茶、沙比利等密度较大、质地较坚硬的实木来加工制作成木地板踏步，这些木材制品经久耐用，年头越长越会显露出天然木材的珍贵和高雅，具有升值价值。

▶▶ 木地板踏步（钢结构楼梯）

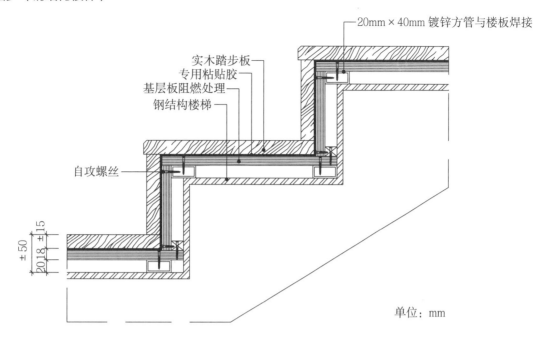

20mm×40mm 镀锌方管与楼板焊接

实木踏步板
专用粘贴胶
基层板阻燃处理
钢结构楼梯

自攻螺丝

±50
2018 ±15

单位：mm

木地板踏步（钢结构楼梯）节点图

木地板踏步（钢结构楼梯）三维示意图

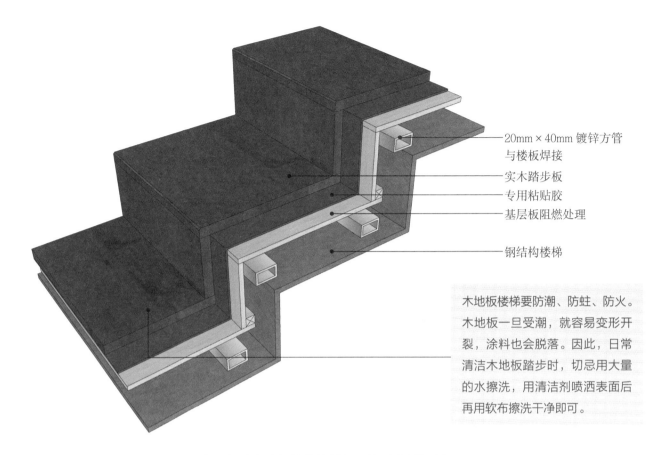

20mm×40mm 镀锌方管
与楼板焊接

实木踏步板

专用粘贴胶

基层板阻燃处理

钢结构楼梯

木地板楼梯要防潮、防蛀、防火。木地板一旦受潮，就容易变形开裂，涂料也会脱落。因此，日常清洁木地板踏步时，切忌用大量的水擦洗，用清洁剂喷洒表面后再用软布擦洗干净即可。

木地板踏步（钢结构楼梯）三维示意图解析

工艺解析

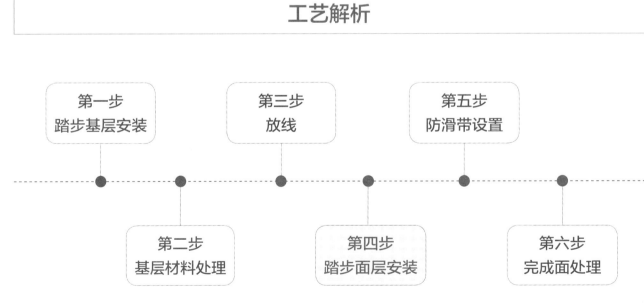

| 第一步 踏步基层安装 | 第三步 放线 | 第五步 防滑带设置 |
| 第二步 基层材料处理 | 第四步 踏步面层安装 | 第六步 完成面处理 |

在钢结构楼梯上方焊接 20mm×40mm 的镀锌方管，用自攻螺丝将经阻燃处理的基层板与方管固定，基层板与梯段基层间的空隙用木条插入固定，木地板踏步用专用黏结剂进行贴装。

钢结构楼梯除了整体形式外，还可以用单独的踏步与墙体固定的方式，做镂空的效果。

木地板踏步（钢结构楼梯）实景效果图

2.4
弹性地材踏步

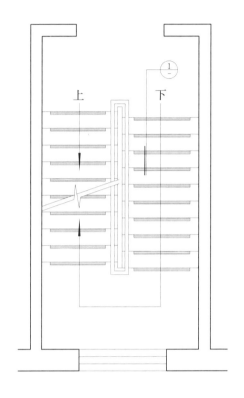

弹性地材踏步平面图

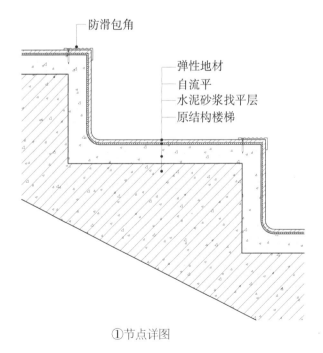

防滑包角

弹性地材
自流平
水泥砂浆找平层
原结构楼梯

①节点详图

弹性地材踏步节点图

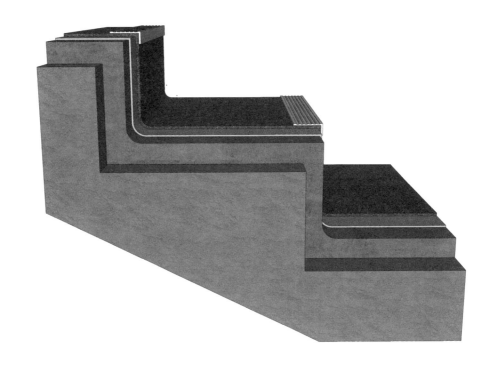

弹性地材踏步三维示意图

防滑包角

弹性地材

自流平

水泥砂浆找平层

原结构楼梯

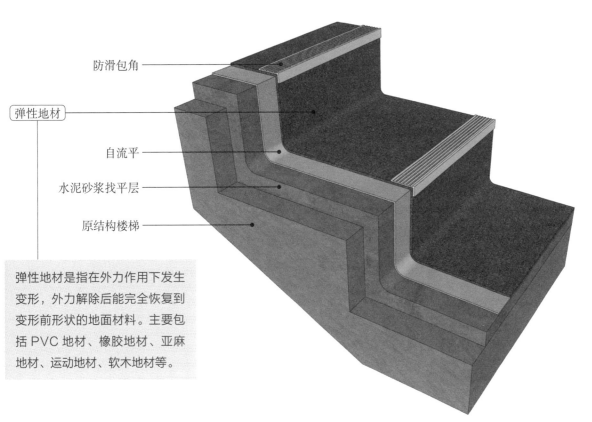

弹性地材是指在外力作用下发生
变形，外力解除后能完全恢复到
变形前形状的地面材料。主要包
括 PVC 地材、橡胶地材、亚麻
地材、运动地材、软木地材等。

弹性地材踏步三维示意图解析

工艺解析

第一步
踏步基层安装

第二步
基层材料处理

第三步
放线

第四步
踏步面层安装

第五步
防滑带设置

第六步
完成面处理

在水泥砂浆找平层上，采用具有自动流平或稍加辅助流平功能的材料，现场搅拌后摊铺成面层。弹性地材用螺丝与找平层和自流平层固定安装。

将弹性地材表面的灰尘污渍清除，并做好成品保护，防止外界因素的污染。

弹性地材踏步的使用寿命一般为 30~50 年，具有卓越的耐磨性、防污性和防滑性，这类踏步行走十分舒适，其优越的特性使其广泛应用于家居、医院、学校、写字楼等。

弹性地材踏步实景效果图

2.5
水泥踏步

▶▶ 水泥踏步（方形）

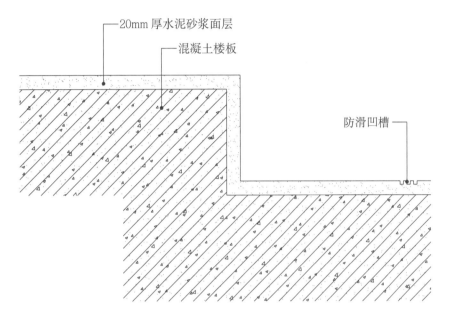

20mm 厚水泥砂浆面层

混凝土楼板

防滑凹槽

水泥踏步（方形）节点图

扫 / 码 / 观 / 看
"水泥踏步（方形）"三
维节点动图

水泥踏步（方形）二维示意图

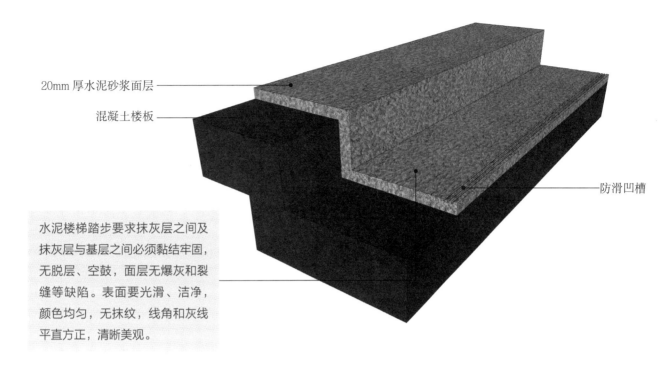

20mm 厚水泥砂浆面层

混凝土楼板

防滑凹槽

水泥楼梯踏步要求抹灰层之间及抹灰层与基层之间必须黏结牢固，无脱层、空鼓，面层无爆灰和裂缝等缺陷。表面要光滑、洁净，颜色均匀，无抹纹，线角和灰线平直方正，清晰美观。

水泥踏步（方形）三维示意图解析

工艺解析

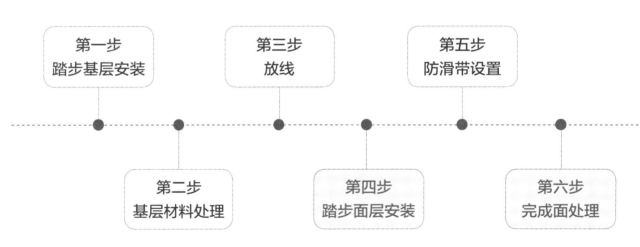

第一步
踏步基层安装

第二步
基层材料处理

第三步
放线

第四步
踏步面层安装

第五步
防滑带设置

第六步
完成面处理

混凝土基层上刷 20mm 厚水泥砂浆面层，确保面层的厚度均匀一致，无蜂窝、孔洞等缺陷。

将水泥砂浆面层表面灰尘杂物清理干净，并定期洒水养护。

作为主要的交通空间之一，楼梯踏步使用的频率很高，除了必须考虑安全性外，还必须考虑踏步的装饰性。水泥踏步的施工固然简单方便，但与室内装修协调度会相对较低，还要考虑后期保养维护的费用。因此最常被使用在户外。

水泥踏步（方形）实景效果图

▶▶ 水泥踏步（梯形）

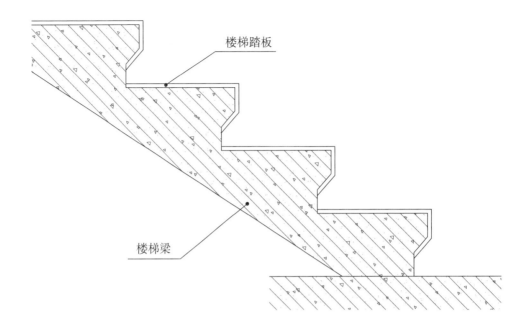

楼梯踏板

楼梯梁

水泥踏步（梯形）节点图 1

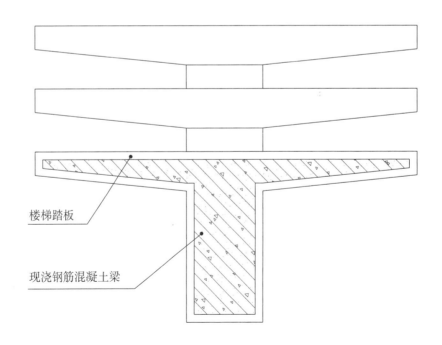

楼梯踏板

现浇钢筋混凝土梁

水泥踏步（梯形）节点图 2

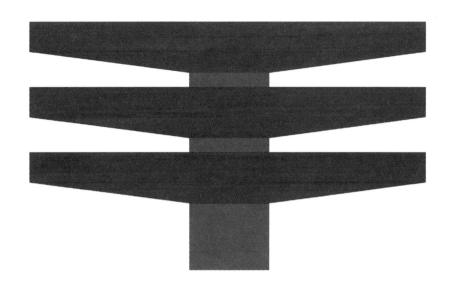

扫 / 码 / 观 / 看
"水泥踏步（梯形）"三
维节点动图

水泥踏步（梯形）三维示意图

水泥踏步制作成本低，且制作过
程简单，但其外观不太美观，设
计不当会显得十分突兀。

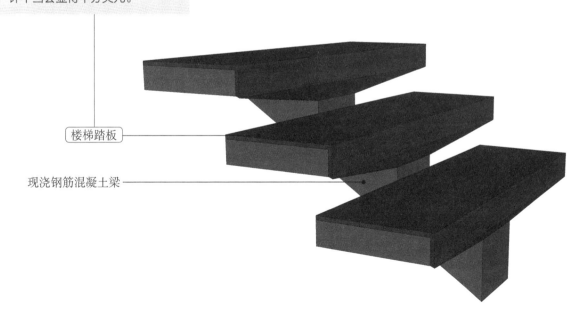

楼梯踏板

现浇钢筋混凝土梁

水泥踏步（梯形）三维示意图解析

工艺解析

浇注方形加长边 × 短边 × 高 = 1000mm × 200mm × 55mm 的混凝土梁并注意养护。

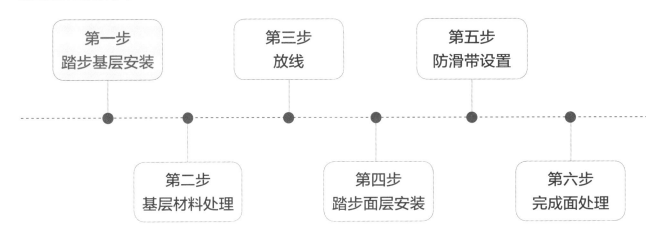

第一步
踏步基层安装

第二步
基层材料处理

第三步
放线

第四步
踏步面层安装

第五步
防滑带设置

第六步
完成面处理

梯形的踏步形式相较方形会更具有设计感，但施工相对方形来说，没有那么方便，这样就失去了水泥踏步施工简便的优势，因此在日常生活中，方形的形式更为普遍。

水泥踏步（梯形）实景效果图

2.6
地毯踏步

▶▶ **地毯踏步（混凝土楼梯）**

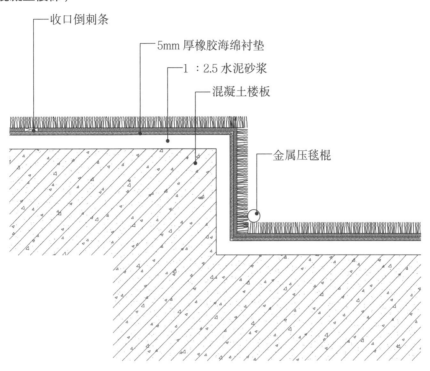

收口倒刺条

5mm 厚橡胶海绵衬垫

1：2.5 水泥砂浆

混凝土楼板

金属压毯棍

地毯踏步（混凝土楼梯）节点图

地毯踏步（混凝土楼梯）三维示意图

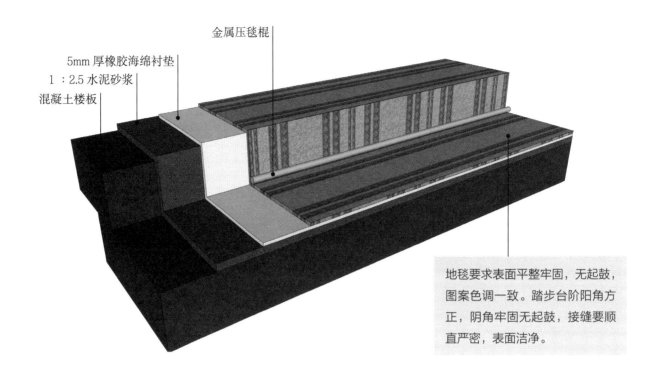

金属压毯棍

5mm 厚橡胶海绵衬垫
1：2.5 水泥砂浆
混凝土楼板

地毯要求表面平整牢固，无起鼓，图案色调一致。踏步台阶阳角方正，阴角牢固无起鼓，接缝要顺直严密，表面洁净。

地毯踏步（混凝土楼梯）三维示意图解析

工艺解析

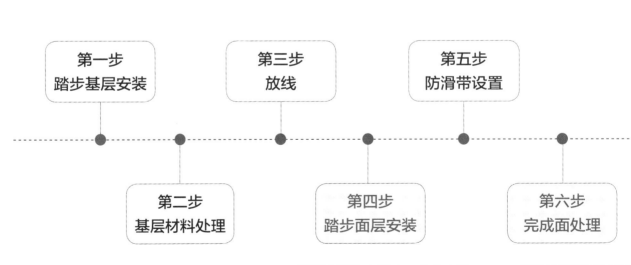

第一步
踏步基层安装

第二步
基层材料处理

第三步
放线

第四步
踏步面层安装

第五步
防滑带设置

第六步
完成面处理

混凝土基层上刷 1：2.5 水泥砂浆，5mm 厚橡胶海绵衬垫通过收口倒刺条用螺丝固定，铺贴地毯，金属压毯棍于阴角压地毯。

扫除地毯表面灰尘杂物，顽固的污渍可用软毛刷蘸取掺小苏打的清洁溶液仔细刷洗进行清理。

地毯踏步（混凝土楼梯）实景效果图

地毯踏步用在办公空间或咖啡厅做较宽的台阶，
可以做一个开放式的阅读区，人们能在这个区域
内进行交流，增加互动。

►►地毯踏步（钢结构楼梯）

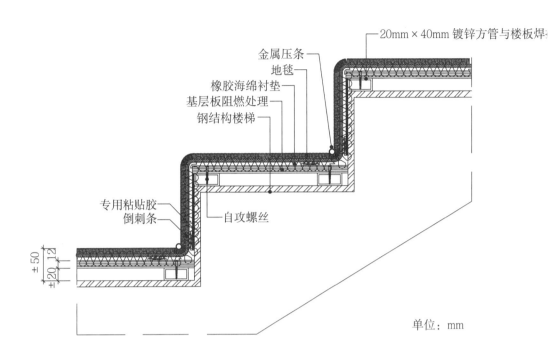

20mm×40mm 镀锌方管与楼板焊

金属压条
地毯
橡胶海绵衬垫
基层板阻燃处理
钢结构楼梯

专用粘贴胶
倒刺条

自攻螺丝

±50
±20
12

单位：mm

地毯踏步（钢结构楼梯）节点图

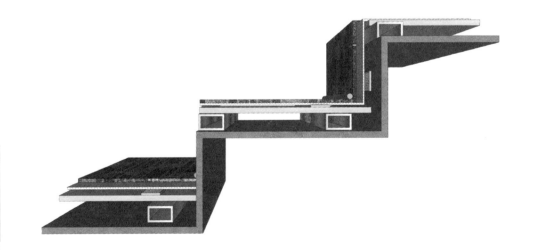

扫 / 码 / 观 / 看
"地毯踏步（钢结构楼
梯）"三维节点动图

地毯踏步（钢结构楼梯）三维示意图

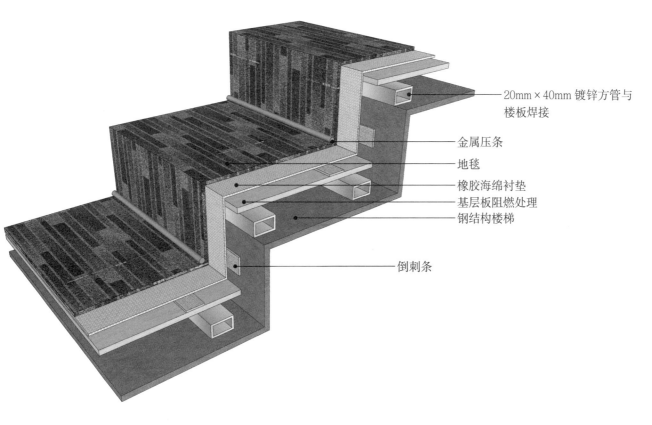

20mm×40mm 镀锌方管与
楼板焊接

金属压条

地毯

橡胶海绵衬垫

基层板阻燃处理

钢结构楼梯

倒刺条

地毯踏步（钢结构楼梯）三维示意图解析

工艺解析

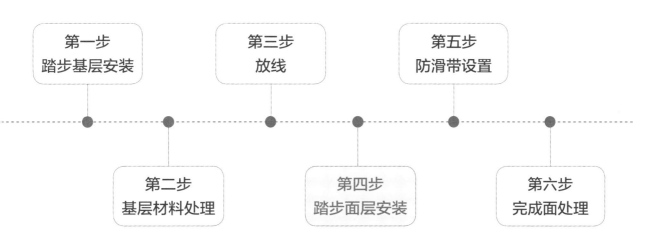

按设计图纸将 20mm×40mm 镀锌方管与钢结
构楼梯的踏步面基层焊接，经阻燃处理的基层板用
自攻螺丝水平地与方管固定，倒刺条在踏步踢板基
层从基层板上方至方管用专用黏结剂固定。铺贴橡
胶海绵衬垫与地毯，金属压条于阴角压地毯。

地毯踏步（钢结构楼梯）实景效果图

地毯踏步要用楼梯专用地毯进行设计。地毯踏步可以起到很好的防滑、静音效果，通常用在有静音要求的居室内、办公空间内或酒店的楼梯上。

3

栏杆扶手节点

栏杆通常指的是通透的护栏，扶手则一般作为栏杆的一个部件存在。栏杆是建筑楼梯、休息平台、悬空连廊及观景平台等特定地点的重要防护构件。在建筑装修工程中，栏杆的形式与功能同等重要，它既是保障楼梯安全的功能构件，又是不可或缺的装饰构件。

本章根据栏杆不同的材料进行分类，对日常生活中最常见的三类栏杆的施工工艺进行解说，其中，金属栏杆以及钢索护栏又进行了分类的重点说明。

3.1
金属栏杆

▶▶ **不锈钢栏杆**

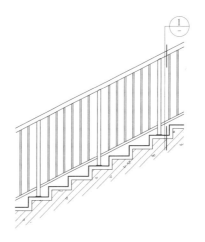

不锈钢栏杆立面图

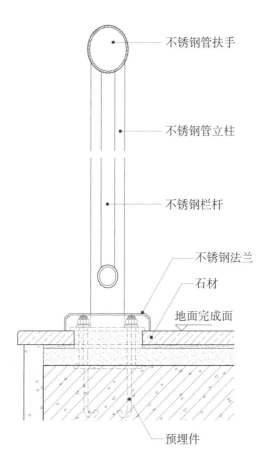

不锈钢管扶手

不锈钢管立柱

不锈钢栏杆

不锈钢法兰

石材

地面完成面

预埋件

①节点详图

不锈钢栏杆节点图

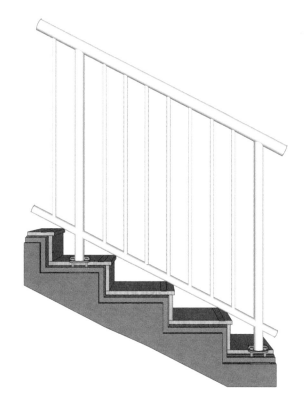

不锈钢栏杆三维示意图

不锈钢管扶手

不锈钢管立柱

不锈钢栏杆

不锈钢法兰

石材

不锈钢栏杆立杆间距不大于
110mm，且栏杆的安装位置应
保证楼梯净宽符合相关规范要求。

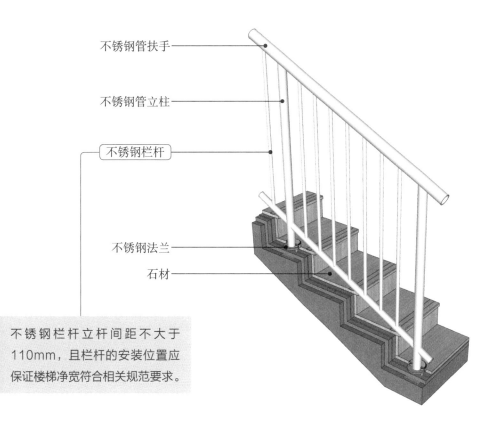

不锈钢栏杆三维示意图解析

金属栏杆

特点：金属栏杆包含金属型材栏杆、不锈钢栏杆及钢索栏杆等。金属栏杆防腐防锈，使用寿命长，安装方便快捷，且可塑性极强，被广泛运用在室内外建筑中

实木栏杆

特点：实木栏杆易于打理，具有木材本身花纹带来的自然美感，但由于实木楼梯的定价较高，所以在选择实木栏杆装饰室内外楼梯时应考虑预算问题

钢索护栏

特点：钢索护栏又称柔性护栏。与传统护栏相比，通透性更好的钢索护栏更有利于欣赏自然景观，广泛应用于高速公路、山地和旅游景区的道路安全防护

工艺解析

第一步：弹线打孔

根据设计图纸在地面石材上弹出固定件的位置线，用冲击钻在膨胀螺栓的位置打孔。

第二步：安装固定件

将钢板用膨胀螺栓预埋在地面基层上。

第三步：焊接立柱

焊接立杆后，用不锈钢法兰在钢板上扣严，并在立杆上端加工出不锈钢管扶手的岔口。

第四步：安装不锈钢栏杆

第五步：安装扶手

把不锈钢扶手直接放入立柱的岔口中，从一端向另一端顺次点焊安装，相邻扶手安装对接准确，接缝严密。

第六步：现场清洁

将沿焊缝每边 30mm~50mm 范围内的油污、毛刺、锈斑等清除干净，将地面与施工完成的栏杆表面灰尘擦净，保证施工完成后的现场干净、整洁。

不锈钢栏杆实景效果图

不锈钢栏杆简单，不会出现褪色、泛黄等现象，也无须进行日常维护，对环境不会产生污染，广泛地运用在各类建筑构件中。

▶▶ **弧形金属扶手**

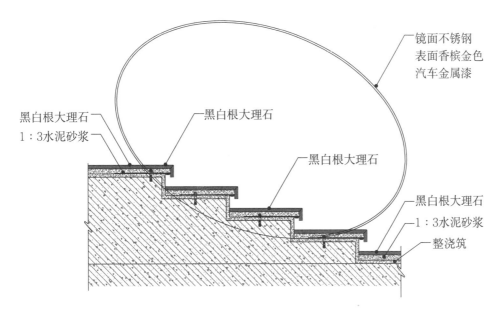

镜面不锈钢
表面香槟金色
汽车金属漆

黑白根大理石

黑白根大理石

黑白根大理石

黑白根大理石
1:3水泥砂浆

黑白根大理石
1:3水泥砂浆
整浇筑

弧形金属扶手节点图

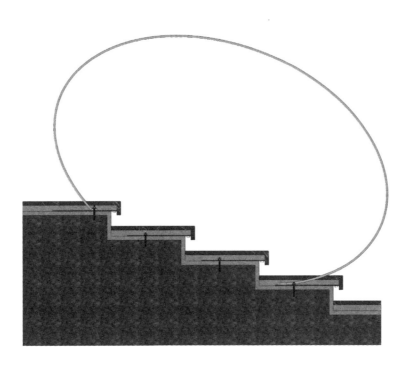

扫 / 码 / 观 / 看
"弧形金属扶手" 三维节
点动图

弧形金属扶手三维示意图

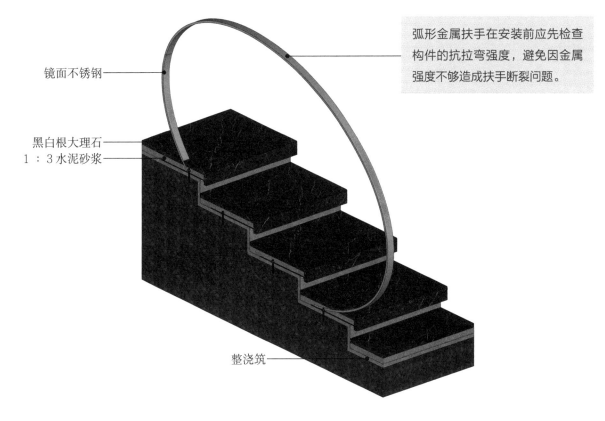

镜面不锈钢

黑白根大理石
1：3 水泥砂浆

弧形金属扶手在安装前应先检查
构件的抗拉弯强度，避免因金属
强度不够造成扶手断裂问题。

整浇筑

弧形金属扶手三维示意图解析

工艺解析

将弧形的镜面不锈钢扶手与预埋钢板用膨胀螺
栓固定，扶手表面刷香槟金色汽车金属漆。

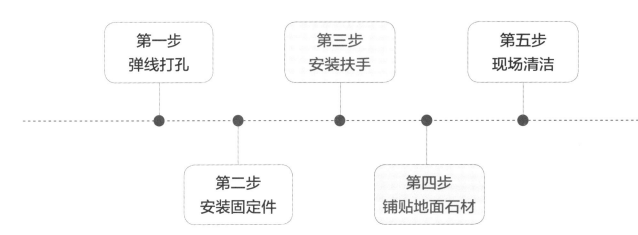

第一步 弹线打孔	第三步 安装扶手	第五步 现场清洁
第二步 安装固定件	第四步 铺贴地面石材	

在已固定好弧形扶手的楼梯面上先刷一层1：3
的水泥砂浆，再铺贴黑白大理石楼梯踏步饰面。

弧形金属扶手实景效果图

弧形金属扶手不会占用楼梯的踏步空间，
为踏步较窄的楼梯合理地节省了空间且
不影响整体的外观及使用。

▶▶ **金属楼梯转角**

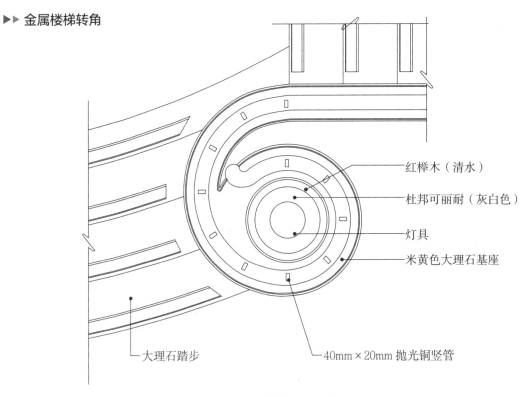

红榉木（清水）

杜邦可丽耐（灰白色）

灯具

米黄色大理石基座

大理石踏步

40mm×20mm 抛光铜竖管

金属楼梯转角平面图

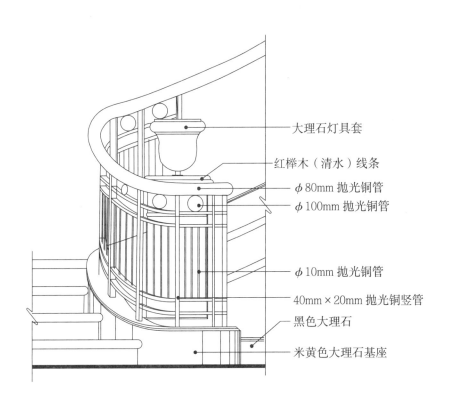

大理石灯具套

红榉木（清水）线条

ϕ80mm 抛光铜管

ϕ100mm 抛光铜管

ϕ10mm 抛光铜管

40mm×20mm 抛光铜竖管

黑色大理石

米黄色大理石基座

金属楼梯转角立面图

金属楼梯转角节点图

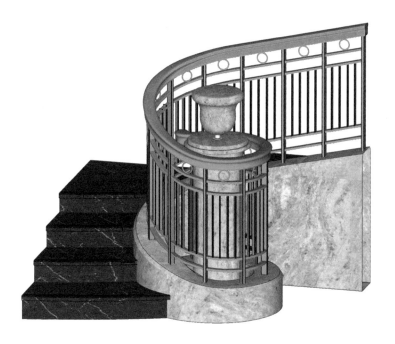

扫 / 码 / 观 / 看
"金属楼梯转角"三维节
点动图

金属楼梯转角三维示意图

金属楼梯栏杆转角通常会做成圆角，方便人员通行，但相较于方角的栏杆，具有一定的施工难度。

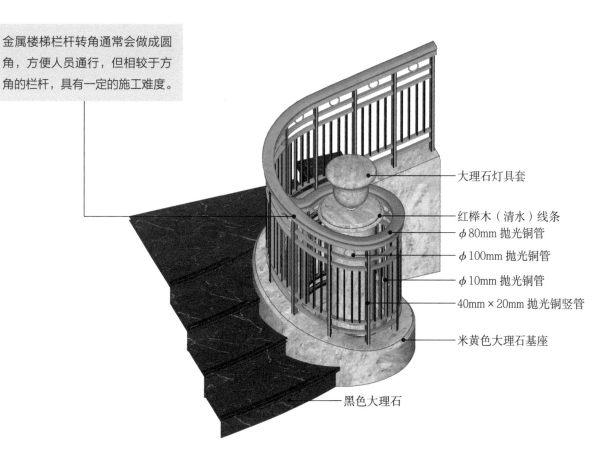

大理石灯具套

红榉木（清水）线条

ϕ80mm 抛光铜管

ϕ100mm 抛光铜管

ϕ10mm 抛光铜管

40mm×20mm 抛光铜竖管

米黄色大理石基座

黑色大理石

金属楼梯转角三维示意图解析

工艺解析

楼梯转角处的扶手，应根据施工图纸尺寸，严格定制出相应的弧度，扶手与栏杆铜管焊接后，再与通直的铜管扶手密焊，对扶手间的焊缝进行处理，至扶手面光滑不扎手。

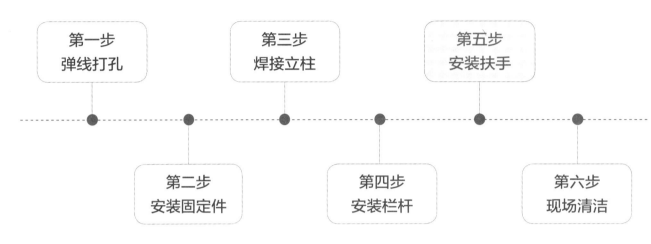

第一步 弹线打孔	第三步 焊接立柱	第五步 安装扶手
第二步 安装固定件	第四步 安装栏杆	第六步 现场清洁

金属楼梯转角实景效果图

圆弧形的金属栏杆刷上金色涂料后，显得优雅贵气的同时，又能体现一定的设计感。

▶▶ 铁艺栏杆

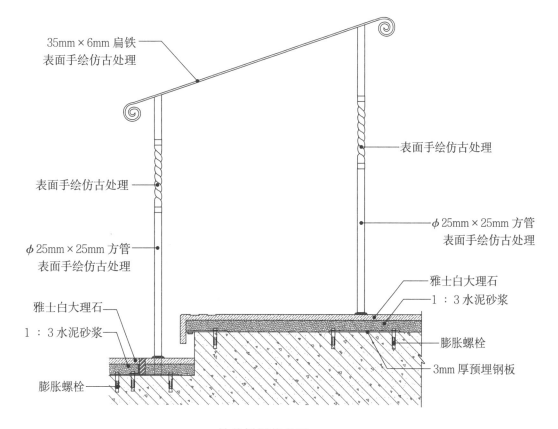

35mm×6mm 扁铁
表面手绘仿古处理

表面手绘仿古处理

表面手绘仿古处理

φ25mm×25mm 方管
表面手绘仿古处理

φ25mm×25mm 方管
表面手绘仿古处理

雅士白大理石

1：3 水泥砂浆

雅士白大理石

1：3 水泥砂浆

膨胀螺栓

膨胀螺栓

3mm 厚预埋钢板

铁艺栏杆节点图

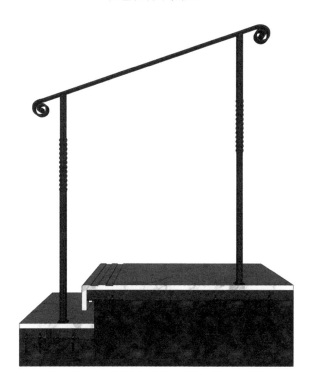

铁艺栏杆三维示意图

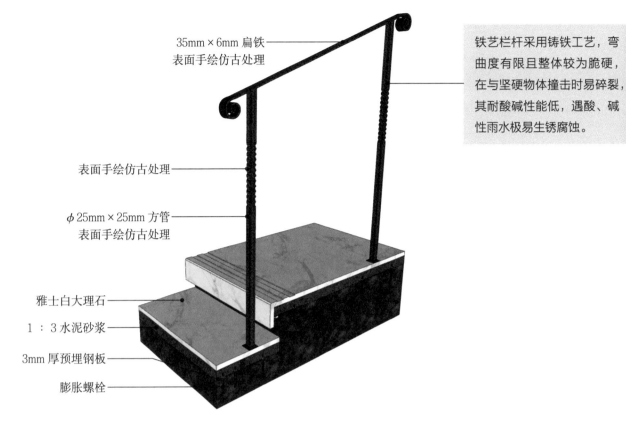

35mm×6mm 扁铁
表面手绘仿古处理

表面手绘仿古处理

φ25mm×25mm 方管
表面手绘仿古处理

雅士白大理石

1：3 水泥砂浆

3mm 厚预埋钢板

膨胀螺栓

铁艺栏杆采用铸铁工艺，弯曲度有限且整体较为脆硬，在与坚硬物体撞击时易碎裂，其耐酸碱性能低，遇酸、碱性雨水极易生锈腐蚀。

铁艺栏杆三维示意图解析

工艺解析

第一步
弹线打孔

第三步
焊接立柱

第五步
现场清洁

第二步
安装固定件

第四步
安装扶手

将 35mm×6mm 扁铁扶手与立柱焊接，并在表面做手绘仿古处理。

铁艺栏杆实景效果图

铁艺护栏外形美观，安装方便，占用空间小，但因其需经常维护的特性，近几年，铁艺护栏逐渐地淡出了市场。

3.2
实木栏杆

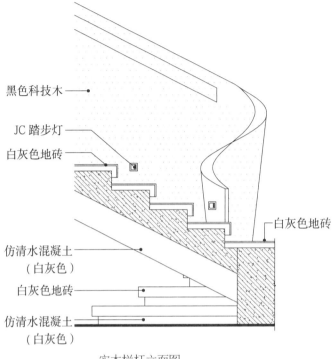

黑色科技木———

JC 踏步灯———

白灰色地砖———

———白灰色地砖

仿清水混凝土
（白灰色）———

白灰色地砖———

仿清水混凝土
（白灰色）———

实木栏杆立面图

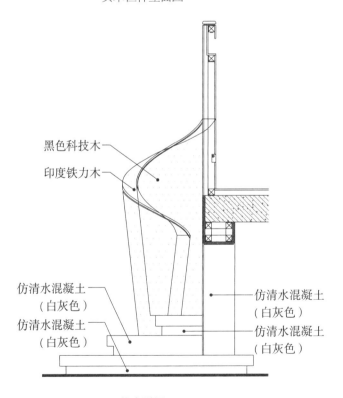

黑色科技木———

印度铁力木———

仿清水混凝土
（白灰色）———

———仿清水混凝土
（白灰色）

仿清水混凝土
（白灰色）———

———仿清水混凝土
（白灰色）

节点详图

实木栏杆节点图

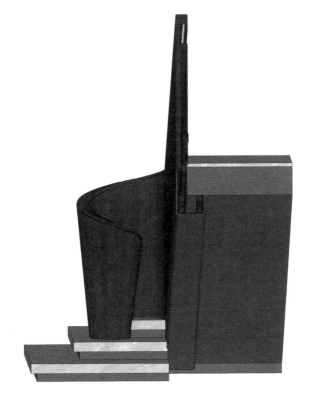

实木栏杆三维示意图

实木栏杆应选用优质硬木，
并选用统一树种的木材加工，
其含水率一般为 8%~18%，
避免因水分的流失造成栏杆
变形。

黑色科技木

印度铁力木

白灰色地砖

仿清水混凝土
（白灰色）

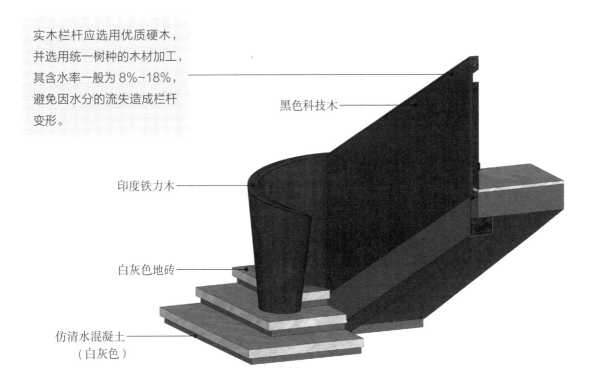

实木栏杆三维示意图解析

工艺解析

第一步：弹线打孔

根据设计图纸在楼梯梯段面放出各部件的安装位置线。

第二步：安装栏杆骨架

预埋钢板，将 30mm×30mm 竖向方钢与钢板焊接后，按施工要求在相应位置焊接方钢与角钢，角钢内固定木龙骨。

第三步：安装栏杆

在栏杆骨架外贴 9mm 厚胶合板，并安装内衬 3mm 厚胶合板的黑色科技木饰面，同时预留出 LED 软管灯带及 JC 踏步灯的安装位置。

第四步：安装扶手

在栏杆骨架顶部固定细工木板，将印度铁力木的扶手安装在细工木板上方。

第五步：安装软管灯带及踏步灯

第六步：安装梯面地砖

在栏杆安装完成的梯面刷一层 1：3 的水泥砂浆，铺贴白灰色的地砖。

第七步：现场清洁

实木栏杆的款式多种多样，触感
冬暖夏凉，它的外观漂亮大气，
给人以典雅大气的感觉。

实木栏杆实景效果图

3.3
钢索护栏

▶▶ 钢索护栏

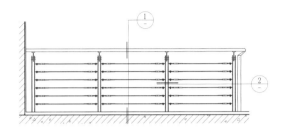

钢索护栏立面图

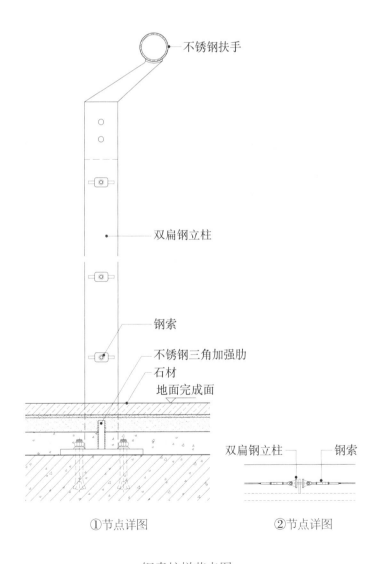

不锈钢扶手

双扁钢立柱

钢索

不锈钢三角加强肋

石材

地面完成面

①节点详图

双扁钢立柱   钢索

②节点详图

钢索护栏节点图

扫 / 码 / 观 / 看
"钢索护栏"三维节点动图

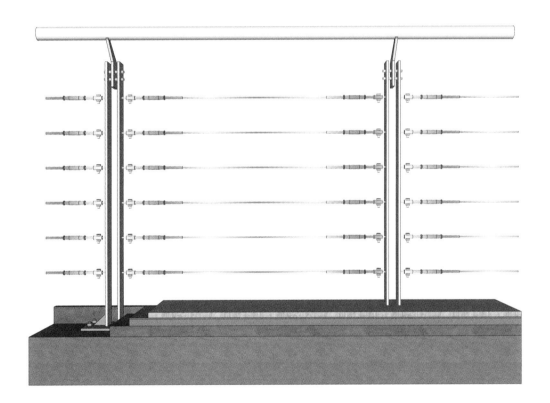

钢索护栏三维示意图

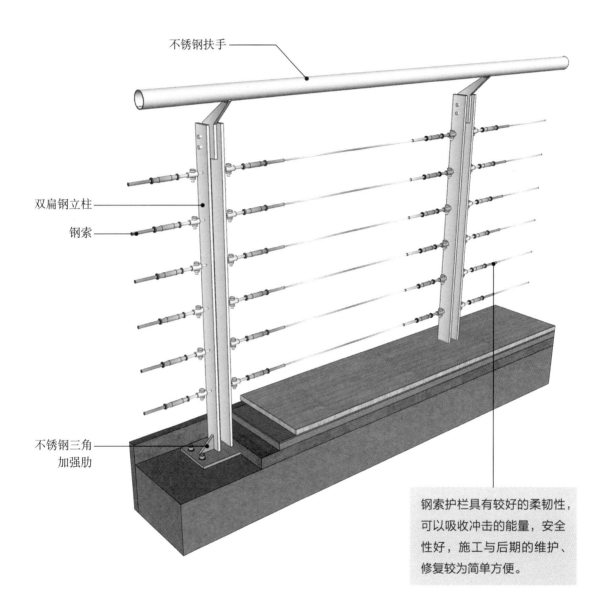

不锈钢扶手

双扁钢立柱

钢索

不锈钢三角
加强肋

钢索护栏具有较好的柔韧性，
可以吸收冲击的能量，安全
性好，施工与后期的维护、
修复较为简单方便。

钢索护栏三维示意图解析

工艺解析

第一步：弹线打孔

根据设计图纸中每根立柱的间距，在地面弹出固定件的位置线，地面用冲击钻在膨胀螺栓的位置打孔，打孔深度及洞口直径应适应膨胀管外径尺寸。

第二步：安装固定件

按所弹位置线，将带不锈钢三角加强肋的钢板用膨胀螺栓固定在地面基层上，不锈钢三角加强肋的作用是在不增加厚度的条件下提高刚度和强度。

第三步：焊接立柱

焊接立杆与固定件时，应放出立杆的位置线，立杆先进行点焊定位，检查垂直度无问题后再分段满焊。

第四步：安装地面材料

在基层地面涂具有一定厚度的水泥砂浆层，紧接着将安装有栏杆的整块地面石材开洞并套装在立杆上。

第五步：安装钢索

分段安装钢索，为保证钢索护栏的强度，钢索安装前应先测试其水平荷载力，以五道钢索护栏为例，每道钢丝绳都必须能够承受 0.5kN/m 的水平荷载。也可采用不锈钢条代替钢索。

第六步：安装扶手

在立柱上方焊接依据设计要求固定的斜杆，并在其上方加工出符合扶手圆度的岔口，将不锈钢扶手直接放入斜杆岔口中，从一端向另一端顺次点焊安装。

第七步：现场清洁

及时整理施工机械，扫除施工残留物，确保施工现场整洁。

钢索护栏因成本较低、施工简单的特点，通常被用于道路的两侧，做防护带，或者设置在屋顶花园做围栏。

钢索护栏实景效果图

▶▶ 钢索护栏（暗藏灯槽）

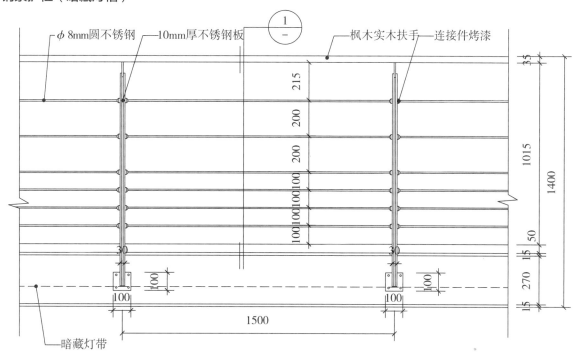

φ8mm圆不锈钢　10mm厚不锈钢板　枫木实木扶手　连接件烤漆

暗藏灯带

钢索护栏（暗藏灯槽）立面图

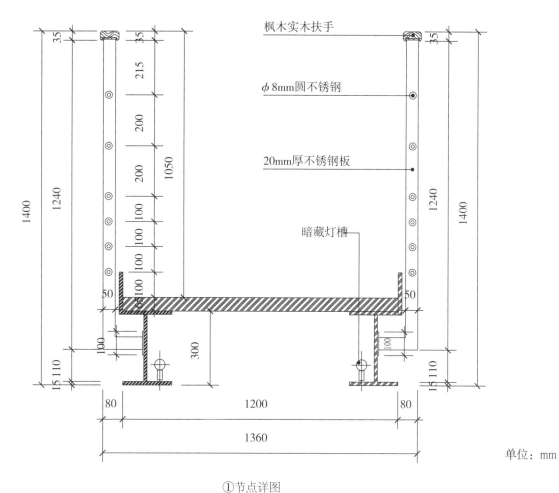

枫木实木扶手

φ8mm圆不锈钢

20mm厚不锈钢板

暗藏灯槽

单位：mm

①节点详图

钢索护栏（暗藏灯槽）节点图

扫 / 码 / 观 / 看
"钢索护栏（暗藏灯槽）"
三维节点动图

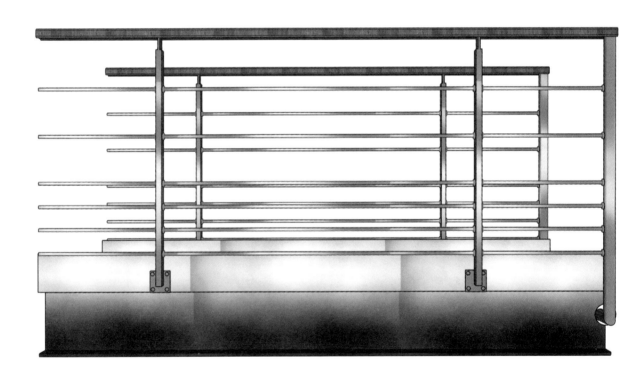

钢索护栏（暗藏灯槽）三维示意图

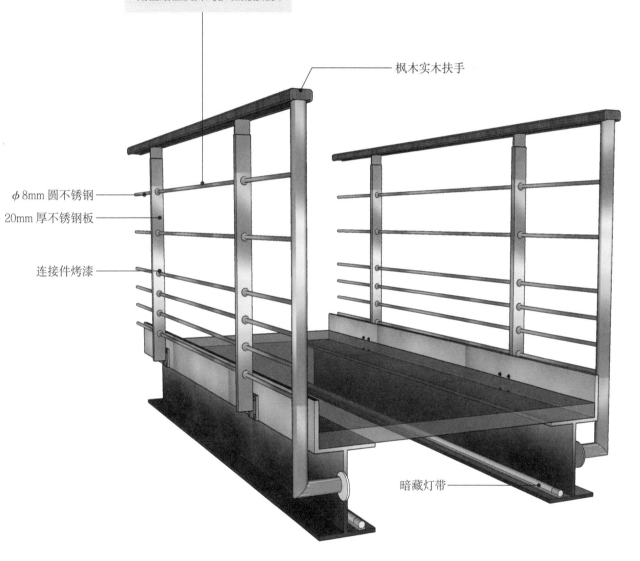

钢索护栏的适应性强，在软土路段和可能会发生不均匀沉降的路段设置，可以有效减轻路基沉降对护栏的损伤。

枫木实木扶手

ϕ 8mm 圆不锈钢

20mm 厚不锈钢板

连接件烤漆

暗藏灯带

钢索护栏（暗藏灯槽）三维示意图解析

工艺解析

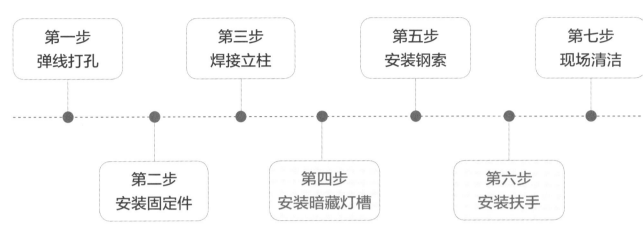

| 第一步
弹线打孔 | 第三步
焊接立柱 | 第五步
安装钢索 | 第七步
现场清洁 |
| 第二步
安装固定件 | 第四步
安装暗藏灯槽 | 第六步
安装扶手 | |

第四步：在地面用 H 形钢预留出灯槽安装的空间，在安装完灯槽后，铺贴地面石材。

第六步：在立柱上方直接对枫木实木扶手进行安装固定。

暗藏灯槽的位置除了可以设置在地台部位，还可以同时设置在扶手的位置，让灯光沿着扶手的形状，形成极好的灯光效果，既起到照明的作用，还具有较强的美观性。

钢索护栏（暗藏灯槽）实景效果图

4

栏板节点

　　栏板指的是实体的护栏，它与栏杆扶手的功能和应用场景大都相同，区别是将栏杆的连接杆换成了整体的板。栏板可以进行雕刻及喷涂等造型设计，以改善单纯的栏板装饰性过低的缺点。

　　本章同样根据栏板不同的材料进行分类，对两类常见栏板的施工工艺进行解说。其中，玻璃栏板根据有无立柱、扶手及地台分为四种，这四种玻璃栏板的施工工艺在本章第一小节中进行了解说。

4.1
玻璃栏板（无立柱有扶手）

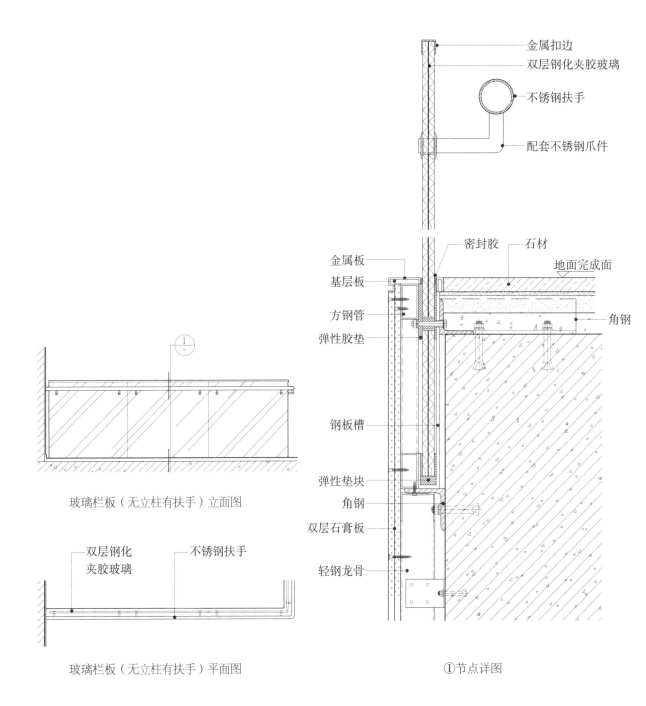

金属扣边
双层钢化夹胶玻璃
不锈钢扶手
配套不锈钢爪件

密封胶   石材
地面完成面
金属板
基层板
方钢管   角钢
弹性胶垫

钢板槽

弹性垫块
角钢
双层石膏板
轻钢龙骨

①节点详图

双层钢化
夹胶玻璃   不锈钢扶手

玻璃栏板（无立柱有扶手）立面图

玻璃栏板（无立柱有扶手）平面图

玻璃栏板（无立柱有扶手）节点图

扫 / 码 / 观 / 看
"玻璃栏板（无立柱有扶
手）"三维节点动图

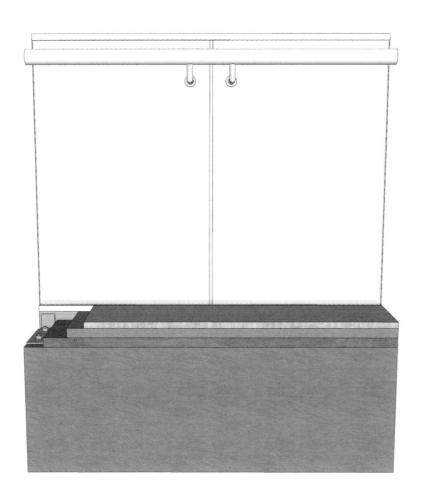

玻璃栏板（无立柱有扶手）三维示意图

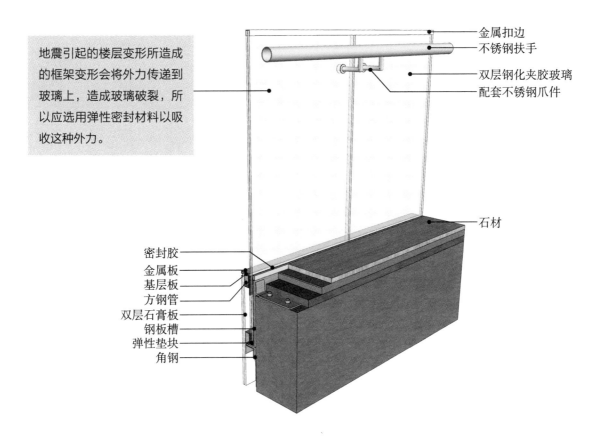

地震引起的楼层变形所造成的框架变形会将外力传递到玻璃上，造成玻璃破裂，所以应选用弹性密封材料以吸收这种外力。

金属扣边
不锈钢扶手
双层钢化夹胶玻璃
配套不锈钢爪件
石材

密封胶
金属板
基层板
方钢管
双层石膏板
钢板槽
弹性垫块
角钢

玻璃栏板（无立柱有扶手）三维示意图解析

/ 常见栏板分类 /

玻璃栏板

特性：玻璃栏板应采用钢化玻璃，与镀锌钢骨架结合，既具有安全性，又坚固耐用。玻璃栏板的使用寿命长达 10 年以上，清洗方便的同时，维护成本也降低了

钢筋混凝土栏板

特性：钢筋混凝土栏板的饰面可用不同的装饰材料装饰，如粘贴石材、粉刷涂料、阻燃织物板饰面等。可用于大型建筑的室外楼梯

金属栏板

特性：金属栏板用钢板冲孔而成，具有耐腐蚀、抗风化、承受力大等优势，牢固而不封闭，有很好的防护作用和视觉美感，广泛运用在工地围网、器械防护、仓库隔离等

工艺解析

第一步：测量放线

放标准线，测量确定出栏板安装的基准面，以标准线为基准，按照图纸在地面上标记出定位分格线。

第二步：钻孔安装固定件

确定定位分格线位置无误后，按图纸要求在钢板及角钢安装处进行钻孔，并用膨胀螺栓进行固定。

第三步：安装钢板槽

将钢板槽与墙面固定，槽底垫弹性垫块，方便后面玻璃的安装。钢板槽表面需用轻钢龙骨骨架的双层石膏板做饰面。

第四步：安装玻璃

将双层钢化夹胶玻璃底部放入钢板槽内，用密封胶固定，玻璃上方固定金属扣边，防止玻璃锐利的边角伤人。

第五步：安装扶手

按设计图纸在玻璃表面打孔，安装不锈钢扶手配套的不锈钢爪件，将扶手与爪件焊接，并清洁焊缝。

第六步：现场清洁

将施工现场清扫干净，并做好玻璃栏板的成品保护。

无立柱的形式使玻璃栏板的
载荷能力比有立柱的低，但
是不影响日常使用，通常会
使用在楼梯或者阳台等位置。

玻璃栏板（无立柱有扶手）实景效果图

4.2
玻璃栏板（无立柱无扶手）

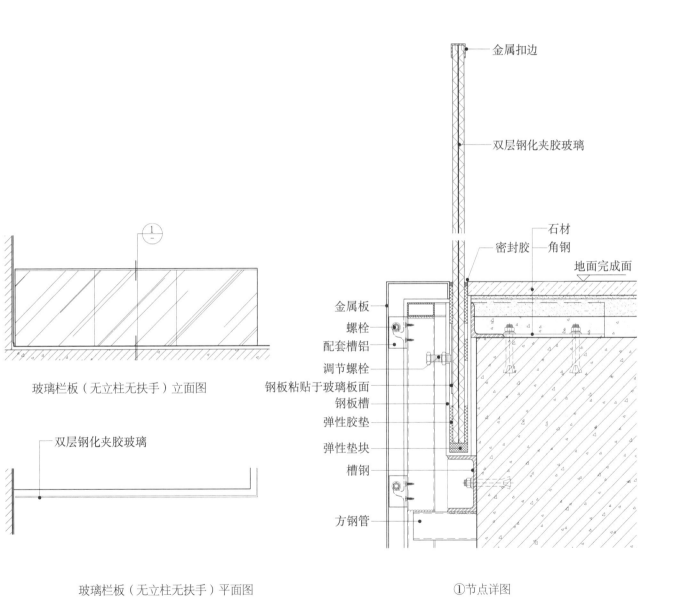

玻璃栏板（无立柱无扶手）立面图

玻璃栏板（无立柱无扶手）平面图

双层钢化夹胶玻璃

金属扣边

双层钢化夹胶玻璃

石材
密封胶 角钢
地面完成面

金属板
螺栓
配套槽铝
调节螺栓
钢板粘贴于玻璃板面
钢板槽
弹性胶垫
弹性垫块
槽钢
方钢管

①节点详图

玻璃栏板（无立柱无扶手）节点图

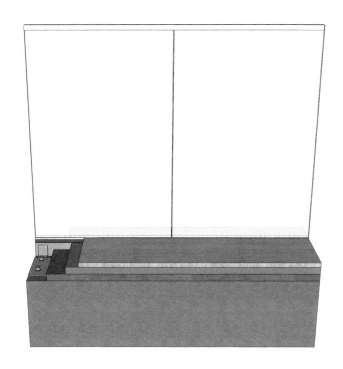

扫 / 码 / 观 / 看
"玻璃栏板（无立柱无扶手）"三维节点动图

玻璃栏板（无立柱无扶手）三维示意图

玻璃是脆性材料，不能与边框直接接触，玻璃安装尺寸的要求是保证玻璃在荷载作用下，在框架内不与边框直接接触，并保证玻璃能够适当变形。

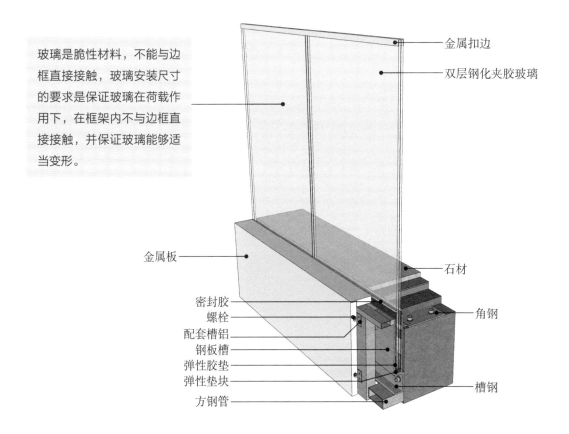

金属扣边

双层钢化夹胶玻璃

金属板

石材

密封胶

螺栓

角钢

配套槽铝

钢板槽

弹性胶垫

弹性垫块

方钢管

槽钢

玻璃栏板（无立柱无扶手）三维示意图解析

工艺解析

安装固定钢板槽后，表
面用以横竖向方钢管为骨架
的金属板与钢板固定做饰面。

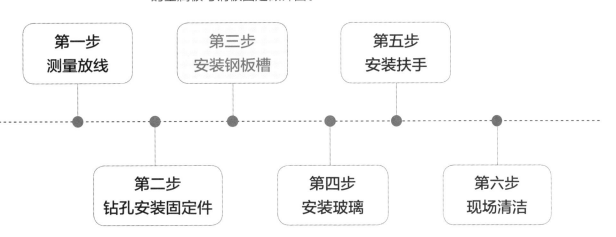

第一步 测量放线	第三步 安装钢板槽	第五步 安装扶手

第二步 钻孔安装固定件	第四步 安装玻璃	第六步 现场清洁

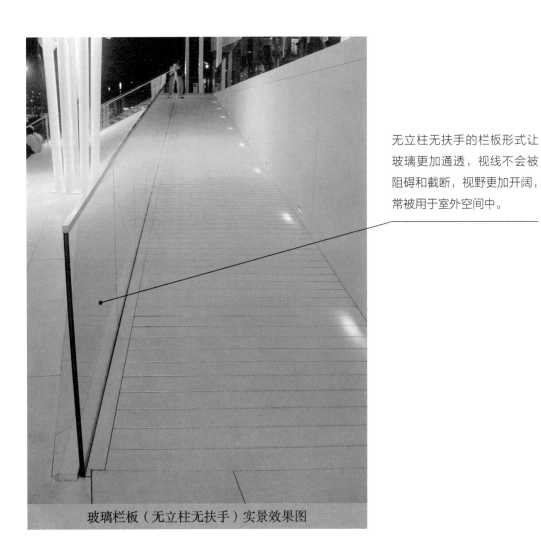

无立柱无扶手的栏板形式让
玻璃更加通透，视线不会被
阻碍和截断，视野更加开阔，
常被用于室外空间中。

玻璃栏板（无立柱无扶手）实景效果图

4.3
玻璃栏板（有立柱有扶手）

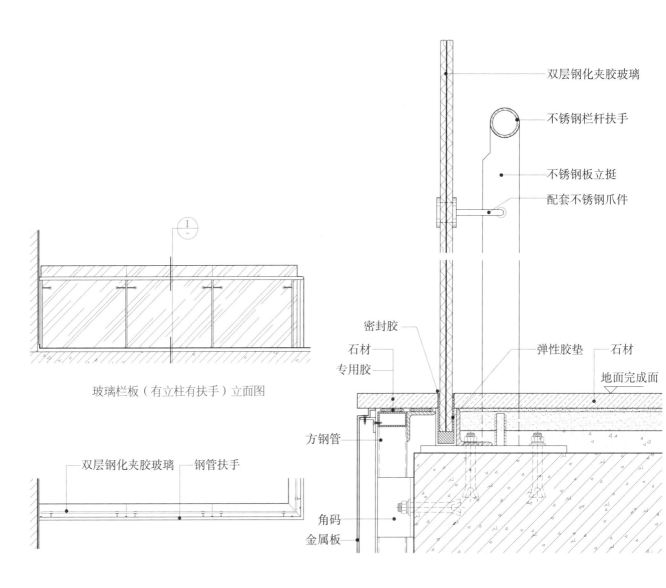

玻璃栏板（有立柱有扶手）立面图

双层钢化夹胶玻璃   钢管扶手

玻璃栏板（有立柱有扶手）平面图

双层钢化夹胶玻璃

不锈钢栏杆扶手

不锈钢板立挺

配套不锈钢爪件

密封胶

石材

专用胶

弹性胶垫   石材

地面完成面

方钢管

角码

金属板

①节点详图

玻璃栏板（有立柱有扶手）节点图

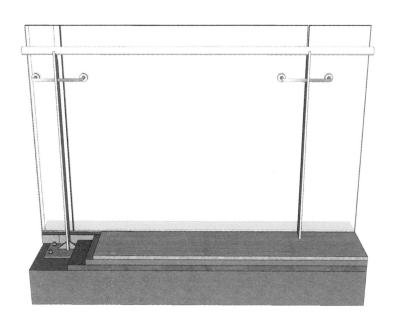

玻璃栏板（有立柱有扶手）三维示意图

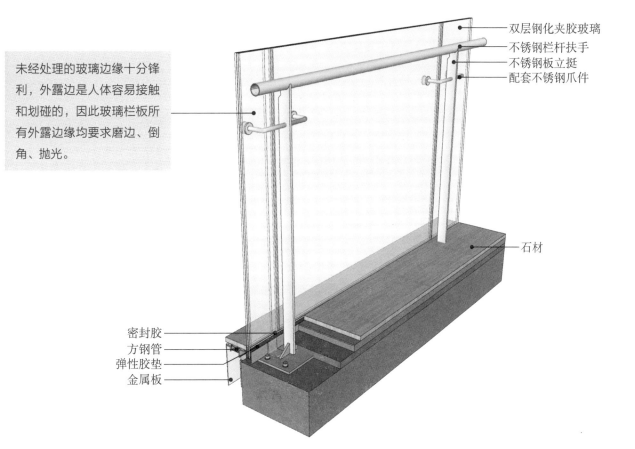

未经处理的玻璃边缘十分锋
利，外露边是人体容易接触
和划碰的，因此玻璃栏板所
有外露边缘均要求磨边、倒
角、抛光。

双层钢化夹胶玻璃
不锈钢栏杆扶手
不锈钢板立挺
配套不锈钢爪件

石材

密封胶
方钢管
弹性胶垫
金属板

玻璃栏板（有立柱有扶手）三维示意图解析

工艺解析

玻璃开孔安装不锈钢爪件与不锈钢立柱连接，立柱底端与做固定件用的地面钢板焊接，立柱上方依据扶手圆度开岔口，将扶手与立柱焊接。

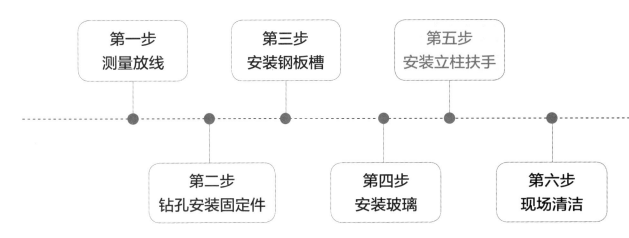

第一步	第三步	第五步
测量放线	安装钢板槽	安装立柱扶手

第二步	第四步	第六步
钻孔安装固定件	安装玻璃	现场清洁

立柱的形式多变，可以做不同形式，其支撑能力并不会减弱，还具有更好的美观效果，通常被用于商场或者一些室外景观当中。

玻璃栏板（有立柱有扶手）实景效果图

4.4
玻璃栏板（有立柱有地台）

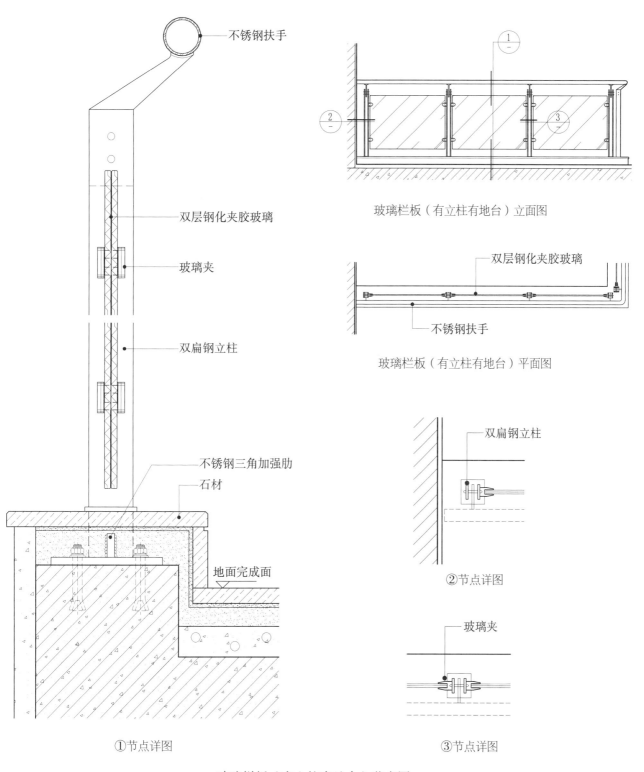

不锈钢扶手

双层钢化夹胶玻璃

玻璃夹

双扁钢立柱

不锈钢三角加强肋

石材

地面完成面

①节点详图

玻璃栏板（有立柱有地台）立面图

双层钢化夹胶玻璃

不锈钢扶手

玻璃栏板（有立柱有地台）平面图

双扁钢立柱

②节点详图

玻璃夹

③节点详图

玻璃栏板（有立柱有地台）节点图

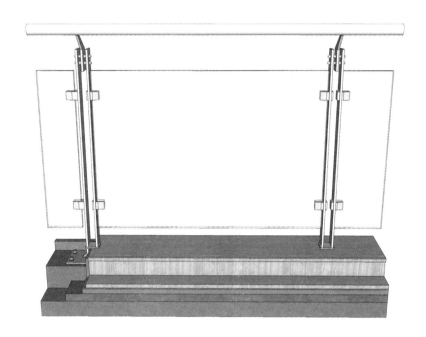

扫 / 码 / 观 / 看
"玻璃栏板（有立柱有地台）"三维节点动图

玻璃栏板（有立柱有地台）三维示意图

玻璃的抗剪切变形能力较差，在玻璃破坏前，其本身的平面内变形是非常小的，故玻璃与框架间应留有一定的缝隙，"吸收"一定的变形量，避免因很小的楼层变形造成玻璃的破坏。

不锈钢扶手

玻璃夹
双扁钢立柱
双层钢化夹胶玻璃

石材

不锈钢三角加强肋

玻璃栏板（有立柱有地台）三维示意图解析

工艺解析

玻璃开孔安装不锈钢爪件与不锈钢立柱连接，
立柱底端与做固定件用的地面钢板焊接，立柱上
方依据扶手圆度开岔口，将扶手与立柱焊接。

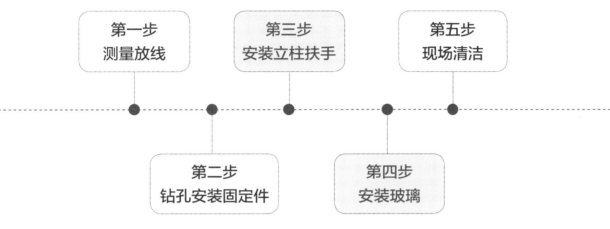

| 第一步 | 第三步 | 第五步 |
| 测量放线 | 安装立柱扶手 | 现场清洁 |

| 第二步 | 第四步 |
| 钻孔安装固定件 | 安装玻璃 |

玻璃通过玻璃夹与立柱固定，
并对栏板玻璃做磨边处理。

玻璃栏板（有立柱有地台）实景效果图

透明的玻璃栏板为周围环境提供
了清晰的视野，给人以无限的空
间感。地台会让立柱和玻璃更加
稳固，带有加固功能，通常被用
于户外。

4.5
钢木结构栏板

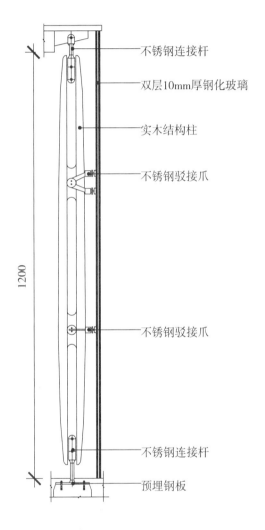

钢木结构栏板立面图

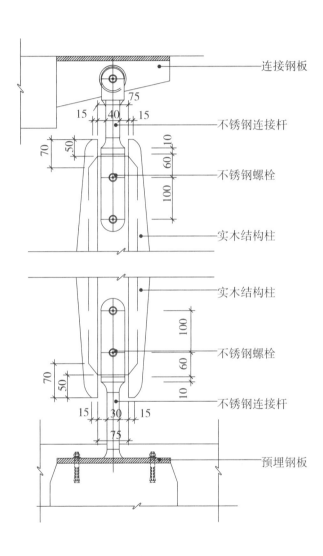

钢木结构栏板节点详图

单位：mm

钢木结构栏板节点图

钢木结构栏板三维示意图

钢木结构栏板的主要骨架为
不锈钢，硬度强，不易磨损
和断裂，其线条流畅优雅，
美观大方。

连接钢板
不锈钢连接杆
双层 10mm 厚钢化玻璃
实木结构柱

不锈钢驳接爪

不锈钢连接杆
预埋钢板

钢木结构栏板三维示意图解析

工艺解析

将两段实木结构柱用膨胀螺栓固定的不锈钢连接
杆连接后，结构柱一端的连接件与预埋的钢板焊接，
另一端连接件伸出与扶手下端连接钢板固定。

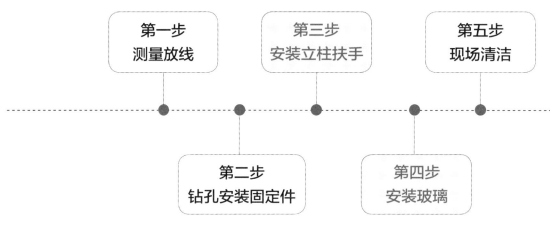

第一步
测量放线

第三步
安装立柱扶手

第五步
现场清洁

第二步
钻孔安装固定件

第四步
安装玻璃

用不锈钢驳接爪将玻璃作为饰
面安装在钢木结构的立柱上。

钢木结构栏板看上去通透轻巧，质
感强。钢木结构栏板的钢通常被漆
为黑、白、银等色，与室内装修风
格相辉映。

钢木结构栏板实景效果图

5

卫生间地面节点

地面材料包含各类地板、砖石、榻榻米等饰面材料，用在卫生间地面的材料主要是砖石一类，砖石的防潮性能较好。卫生间属于长期潮湿的环境，因此在施工中需要严格进行防水处理，避免因为漏水造成不便。

卫生间除地面外，还含有一些需要格外注意的细部节点，本章节中选取挡水坎、导水槽、地漏、门槛石以及地漏与地砖相接处的节点进行工艺解说，同时还将针对个别常见问题提出相应的解决方案。

5.1
卫生间石材地面

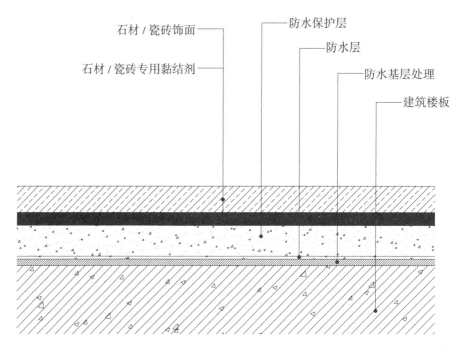

石材 / 瓷砖饰面 —— 防水保护层
石材 / 瓷砖专用黏结剂 —— 防水层
防水基层处理
建筑楼板

卫生间石材地面节点图

扫 / 码 / 观 / 看
"卫生间石材地面"三维
节点动图

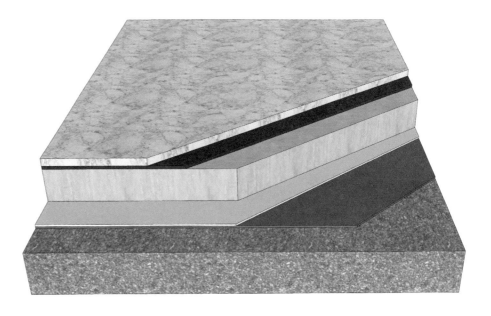

卫生间石材地面三维示意图

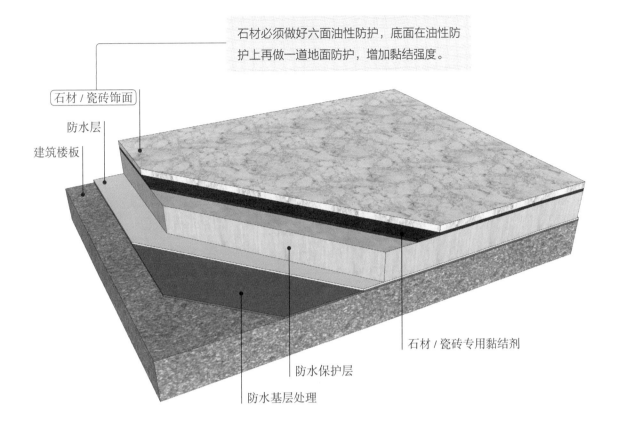

石材必须做好六面油性防护，底面在油性防护上再做一道地面防护，增加黏结强度。

石材 / 瓷砖饰面

防水层

建筑楼板

石材 / 瓷砖专用黏结剂

防水保护层

防水基层处理

卫生间石材地面三维示意图解析

/ 常见的卫生间地面材料 /

大理石

特点：颜色肃静，纹理独特，更有特殊的山水纹路，有着良好的装饰性能，具有良好的加工性、隔音性和隔热性。质地较软，吸水率相对较高。可用作墙面、地面、门套、台面等

花岗岩

特点：易加工，材质较软。花色有大花和小花之分，底色有黑底、红底、黄底。可用于地面、墙面、壁炉、台面板、背景墙等的制作

釉面砖

特点：色彩图案丰富、规格多、清洁方便、选择空间大、适用于厨房和卫生间。釉面砖表面可以做各种图案和花纹，比抛光砖色彩和图案丰富。防渗，无缝拼接，可任意造型，韧度非常好，基本上不会发生断裂等现象

工艺解析

第一步：基层处理

刷防水层之前，要先清理地面，进行防水基层处理。

第二步：做防水层

在铺贴卫生间石材之前，要先进行防水处理。由于防水是隐蔽工程，一旦出现问题，后续的维修会非常麻烦，因此在涂刷防水时不能遗漏任何地方。

第三步：做防水保护层

涂刷完防水层后，再加刷一层防水保护层，可以有效地延长防水层的耐用年限，防止防水层长期暴露在空气中产生龟裂、鼓包等现象。

第四步：预排

测量石材的大小，预排时将不完整的石材排在墙角边或者不重要的位置，同时也要考虑到屋内排水管线的位置。

第五步：确定水平面

在房间入口处与外侧房间地面的等高位置铺设门槛石，作为卫生间地面石材的水平基准面。对于门槛石的厚度需要用水平尺进行精确测量，并用橡皮锤进行调整。

第六步：铺贴石材

正式铺贴前要先试铺，试铺无问题后，即可开始正式铺贴。在石材背面均匀涂抹 1 ：2 的水泥砂浆作黏结层，湿铺在已经填补好的干硬性水泥砂浆上。铺贴时，用橡皮锤轻敲石材，随时调整平整度和缝隙，地面石材要有 5/1000 的坡度，朝向地漏方向，避免造成积水。

第七步：挖排水孔

首先，在地面垫起的干硬性水泥砂浆中掏出一个和地漏一样大的孔洞；然后，在石材上量出和地漏相同的孔径，标记并切割；最后，使用水泥砂浆对挖开的孔洞进行修正。需要注意的是，在正式铺贴排水口地面石材前，需要向排水口灌一些水，观察排水是否通畅。

第八步：勾缝清理

石材铺贴完成后，先对其勾缝；石材缝勾好后，用抹布将地面擦拭干净。

卫生间石材地面实景效果图

卫生间属于多水、易污染区域，因此其地面石材不仅要满足装饰效果，还要兼顾防水、防污、防滑的功能。

5.2
卫生间地砖地面

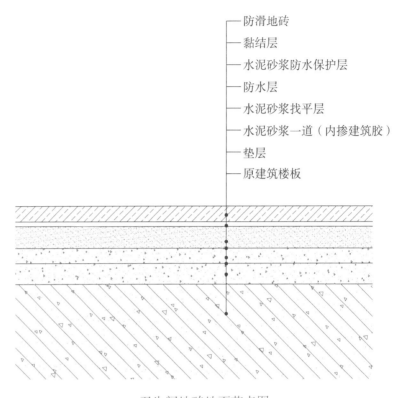

防滑地砖
黏结层
水泥砂浆防水保护层
防水层
水泥砂浆找平层
水泥砂浆一道（内掺建筑胶）
垫层
原建筑楼板

卫生间地砖地面节点图

卫生间地砖地面三维示意图

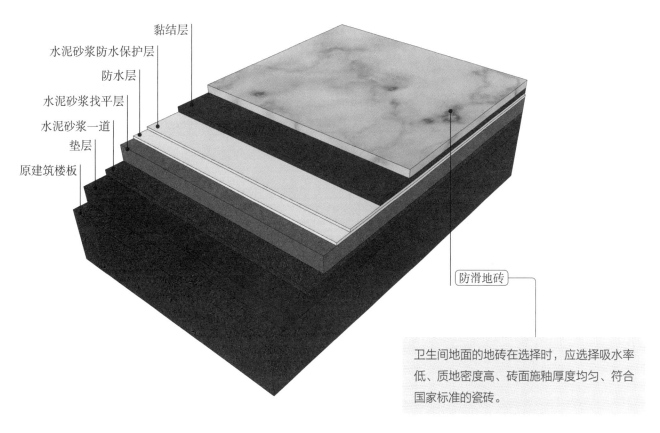

黏结层
水泥砂浆防水保护层
防水层
水泥砂浆找平层
水泥砂浆一道
垫层
原建筑楼板

防滑地砖

卫生间地面的地砖在选择时，应选择吸水率低、质地密度高、砖面施釉厚度均匀、符合国家标准的瓷砖。

卫生间地砖地面三维示意图解析

工艺解析

在提前浇水润湿的原结构楼板上涂抹一道垫层后，刷掺建筑胶的素水泥浆一道，在素水泥砂浆上方做水泥砂浆找平层并做防水处理，防水层上方再涂刷一道水泥砂浆保护层。

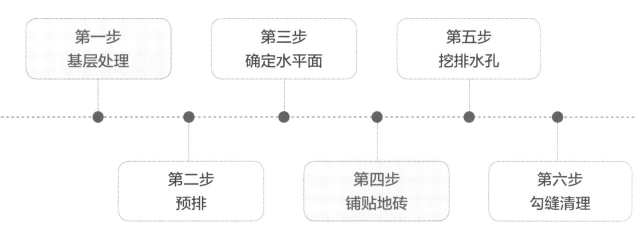

| 第一步 基层处理 | 第三步 确定水平面 | 第五步 挖排水孔 |

| 第二步 预排 | 第四步 铺贴地砖 | 第六步 勾缝清理 |

地砖试铺无问题后，在地砖背面均匀涂抹水泥素浆做黏结层，然后铺放在水泥砂浆保护层上。铺贴时，必须要用橡皮锤轻轻敲击，注意留缝。在施工过程中，随时检查所铺地砖的水平度及与高低差。

卫生间地砖地面实景效果图

卫生间地面地砖若选择深色瓷砖铺贴，易使空间压抑、沉闷，所以卫生间地砖一般采用暖色砖或深浅搭配的瓷砖进行铺贴。

5.3
卫生间地台地面

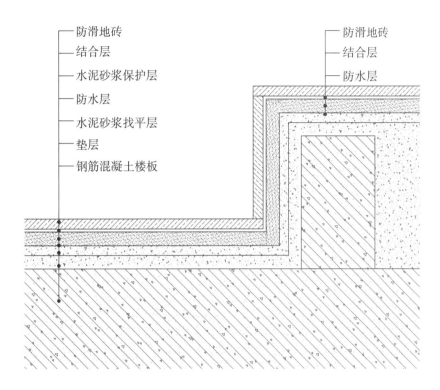

防滑地砖
结合层
水泥砂浆保护层
防水层
水泥砂浆找平层
垫层
钢筋混凝土楼板

防滑地砖
结合层
防水层

卫生间地台地面节点图

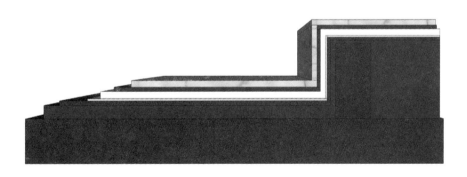

卫生间地台地面三维示意图

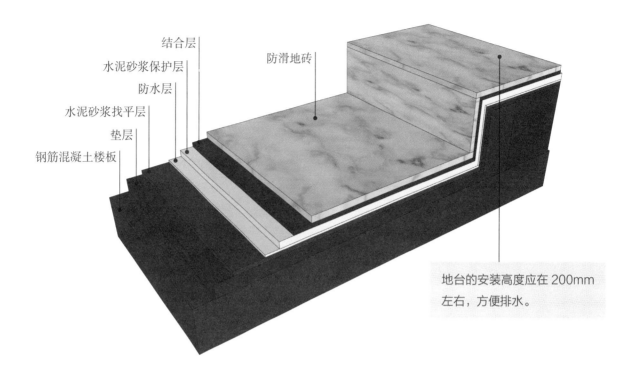

结合层

水泥砂浆保护层

防水层

水泥砂浆找平层

垫层

钢筋混凝土楼板

防滑地砖

地台的安装高度应在 200mm 左右，方便排水。

卫生间地台地面三维示意图解析

工艺解析

在钢筋混凝土楼板上根据
设计图纸，在地台砌筑位置用
素混凝土砌一道 200mm 高的
长方体。

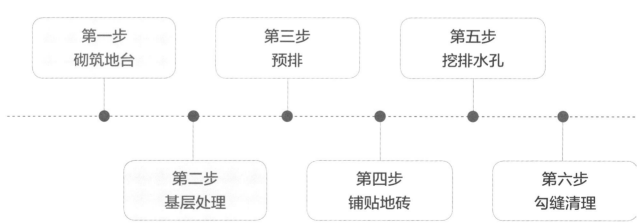

第一步 砌筑地台	第三步 预排	第五步 挖排水孔
第二步 基层处理	第四步 铺贴地砖	第六步 勾缝清理

在楼钢筋混凝土楼板上先做一层垫层，地台砌
筑位置用水泥砂浆砌高 200mm。依次在地面地台
做水泥砂浆找平层、防水层及水泥砂浆保护层。

未安装存水弯的非下沉式卫生间，设置地台可以有效地防止卫生间出现异味，适用于所有卫生间空间内。

卫生间地台地面实景效果图

5.4
淋浴间挡水坎工艺

▶▶ 淋浴间挡水坎工艺（1）

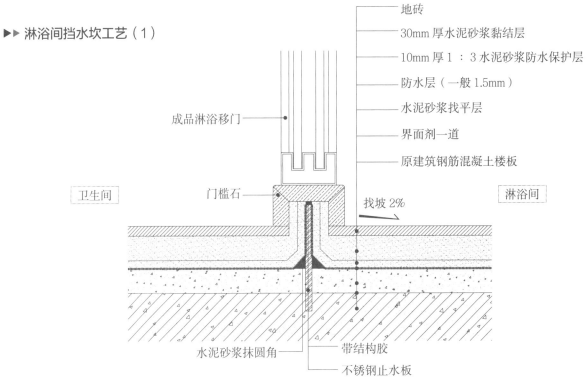

地砖
30mm 厚水泥砂浆黏结层
10mm 厚 1：3 水泥砂浆防水保护层
防水层（一般 1.5mm）
水泥砂浆找平层
界面剂一道
原建筑钢筋混凝土楼板

成品淋浴移门

卫生间

门槛石

找坡 2%

淋浴间

水泥砂浆抹圆角

带结构胶

不锈钢止水板

淋浴间挡水坎工艺（1）节点图

扫／码／观／看
"淋浴间挡水坎工艺
（1）"三维节点动图

淋浴间挡水坎工艺（1）三维示意图

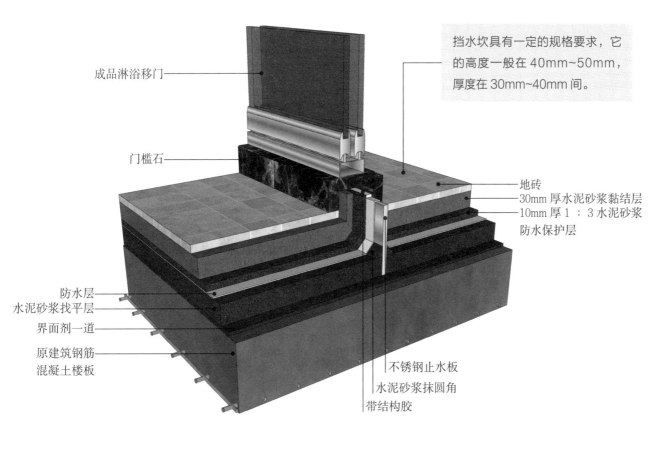

淋浴间挡水坎工艺（1）三维示意图解析

成品淋浴移门

门槛石

挡水坎具有一定的规格要求，它的高度一般在 40mm~50mm，厚度在 30mm~40mm 间。

地砖
30mm 厚水泥砂浆黏结层
10mm 厚 1 ： 3 水泥砂浆
防水保护层

防水层
水泥砂浆找平层
界面剂一道
原建筑钢筋
混凝土楼板

不锈钢止水板
水泥砂浆抹圆角
带结构胶

───── / **如何解决地面砖爆裂、起拱的问题** / ─────

① 检查一下整个房间内的地砖，看是个别瓷砖起拱还是大面积起拱。检查时可以用敲击瓷砖的方法，声音发空的瓷砖就是已经空鼓了，也就是瓷砖已跟水泥层分离了。这样的瓷砖如勉强压下去，也很容易破裂。因此，必须把拱起的瓷砖撬起来，重新铺。如果空鼓的瓷砖数量多，就需整个重铺。

② 把拱起的瓷砖与其他瓷砖之间的接缝用切割机锯开（切割时会有很大的粉尘，所以需要不停地往切割机里加水）。要很小心地把瓷砖掀起，动作一定要轻，否则容易造成瓷砖破裂。

③ 把粘在瓷砖边上的水泥和砂浆全部刮掉。处理下面的水泥层，刨掉 1cm~2cm，清理干净。

④ 均匀涂上一层混合水泥砂浆。水泥黄沙比例为 1 ： 2，水泥强度等级为 32.5 级水泥。如果使用的是白水泥，一定要采用 108 胶，这样可以使水泥与地砖之间紧密黏合。

⑤ 把清理好的瓷砖重新铺好、压平，等水泥彻底干透后再使用填缝剂加固，从而避免地砖上翘、开裂的现象。

工艺解析

第一步：预埋止水板

将不锈钢止水板按施工图纸中的安装位置竖直地预埋入钢筋混凝土的原建筑楼板中。

第二步：基层处理

第三步：涂刷界面剂

原建筑楼板刷界面剂一道，提高水泥砂浆对基层的黏结强度。

第四步：做找平

再依据现场情况，用水泥砂浆进行坡度为2%的找坡。

第五步：防水处理

在找坡层上均匀、密实地涂刷 1.5mm 厚 JS 防水涂料或聚氨酯涂膜防水层。

第六步：做防水保护层

在不锈钢两面用水泥砂浆抹圆角，并做10mm 厚 1：3 水泥砂浆防水保护层。

第七步：铺贴地砖

在防滑地砖背面均匀涂抹水泥素浆，然后铺放在地面 30mm 厚水泥砂浆黏结层上。铺贴时用橡皮锤从中间到四边，再从四边到中间轻轻敲击，反复数次，使地砖与砂浆黏结紧密，并随时调整平整度和缝隙。

第八步：安装门槛石

不锈钢止水板两面抹完圆角后刷1.5mm 厚防水层、10mm 厚 1：3 水泥砂浆防水保护层及相应厚度的水泥砂浆黏结层，门槛石背面用水泥素浆均匀涂抹，并按所做倒角分块贴装。

第九步：勾缝、清理

地砖及门槛石铺完 24h 后，将缝口清理干净，并刷水润湿，用水泥浆勾缝，勾缝要做到密实、平整、光滑。在水泥砂浆凝结前，应彻底清理砖面灰浆，并将地面擦拭干净。

这种人造石做成的挡水坎，耐腐蚀、易清洁、无毒防臭，是受众颇广的挡水坎材质。挡水坎能有效地防止淋浴间水外溢，一般的淋浴间都适合使用挡水坎。

淋浴间挡水坎工艺（1）实景效果图

▶▶ 淋浴间挡水坎工艺（2）

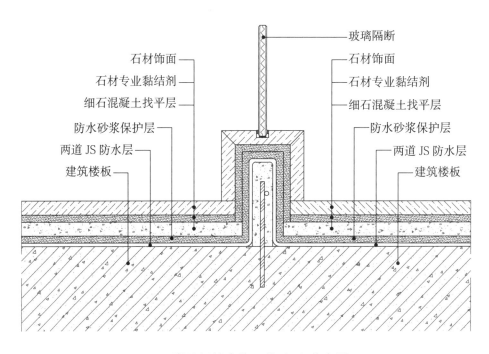

石材饰面
石材专业黏结剂
细石混凝土找平层
防水砂浆保护层
两道 JS 防水层
建筑楼板

玻璃隔断
石材饰面
石材专业黏结剂
细石混凝土找平层
防水砂浆保护层
两道 JS 防水层
建筑楼板

淋浴间挡水坎工艺（2）节点图

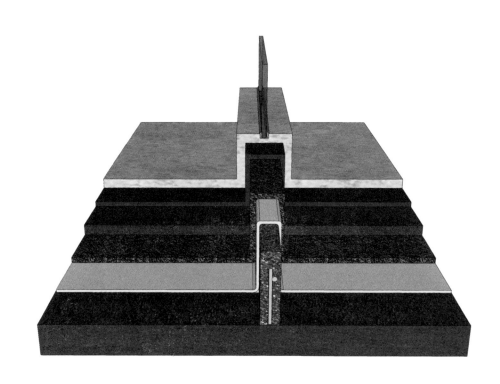

扫 / 码 / 观 / 看
"淋浴间挡水坎工艺
（2）"三维节点动图

淋浴间挡水坎工艺（2）三维示意图

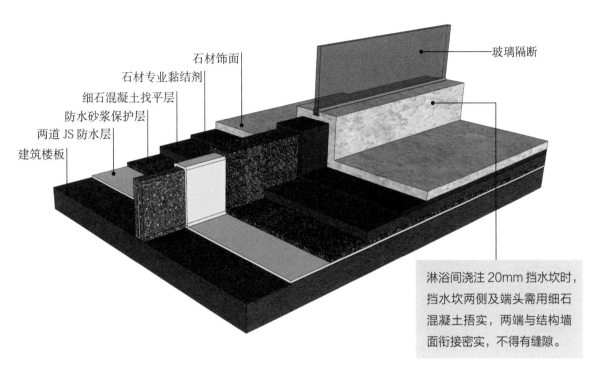

石材饰面

石材专业黏结剂

细石混凝土找平层

防水砂浆保护层

两道 JS 防水层

建筑楼板

玻璃隔断

淋浴间浇注 20mm 挡水坎时，挡水坎两侧及端头需用细石混凝土捂实，两端与结构墙面衔接密实，不得有缝隙。

淋浴间挡水坎工艺（2）三维示意图解析

工艺解析

预埋直径为 6mm 的一级钢筋在建筑楼板中，并用细石混凝土做挡水坎基层。

用细石混凝土在地面进行找平，挡水坎基层不做找平处理。

第一步
砌筑挡水坎基层

第三步
基层处理

第五步
挖排水孔

第二步
防水处理

第四步
铺贴石材

地面石材及挡水坎的石材饰面用石材专业黏结剂对石材饰面进行铺贴，铺贴过程中挡水坎的石材饰面需注意倒角的拼接，挡水坎顶面的石材饰面可预留出安装玻璃隔断所需的凹槽。

淋浴间挡水坎工艺（2）实景效果图

淋浴间的挡水坎可以有效地拦截淋浴水
漫出，清洁地面的同时，还能保持室内
其余空间的干燥。

5.5
淋浴间内导水槽工艺

►► 淋浴间内导水槽工艺（1）

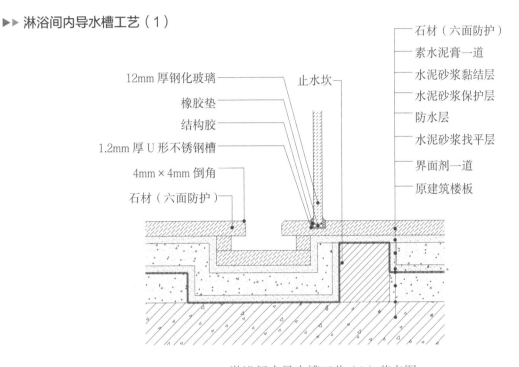

石材（六面防护）
素水泥膏一道
水泥砂浆黏结层
水泥砂浆保护层
防水层
水泥砂浆找平层
界面剂一道
原建筑楼板

12mm 厚钢化玻璃
橡胶垫
结构胶
1.2mm 厚 U 形不锈钢槽
4mm × 4mm 倒角
石材（六面防护）
止水坎

淋浴间内导水槽工艺（1）节点图

扫 / 码 / 观 / 看
"淋浴间内导水槽工艺
（1）"三维节点动图

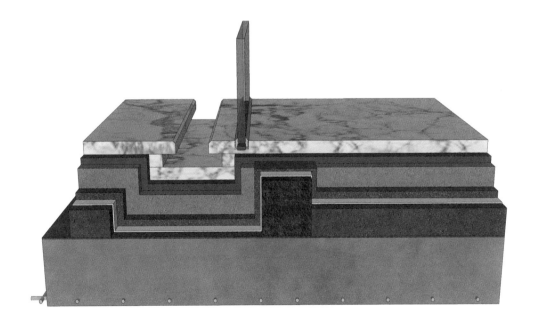

淋浴间内导水槽工艺（1）三维示意图

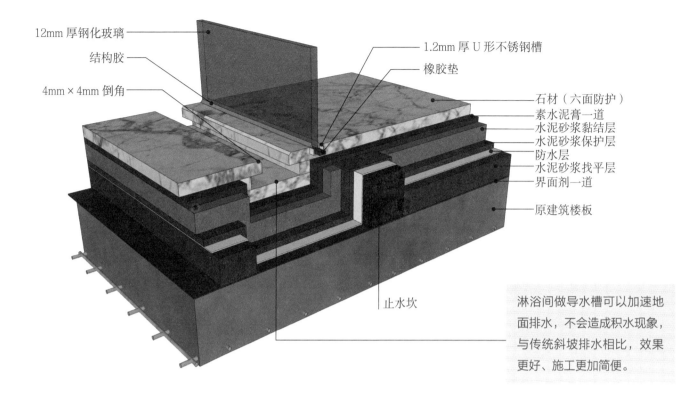

12mm 厚钢化玻璃

结构胶

4mm×4mm 倒角

1.2mm 厚 U 形不锈钢槽

橡胶垫

石材（六面防护）

素水泥膏一道

水泥砂浆黏结层

水泥砂浆保护层

防水层

水泥砂浆找平层

界面剂一道

原建筑楼板

止水坎

淋浴间做导水槽可以加速地面排水，不会造成积水现象，与传统斜坡排水相比，效果更好、施工更加简便。

淋浴间内导水槽工艺（1）三维示意图解析

/ 防止石材地面出现空鼓缺陷的方法 /

① 基层应彻底清理干净。结合层铺设前应先适当洒水湿润，并刷素水泥浆一道以增加黏结力。刷素水泥浆应用拌制的灰浆，不要"扫浆"（即边浇水边撒干水泥），这样易造成水泥浆涂刷不均匀。

② 严格按工艺要求进行施工。结合层应在素水泥浆涂刷后随即铺设；结合层采用干硬性水泥砂浆，以手捏成团，落地开花为标准；石板铺贴前应先适当湿润；铺贴时应拍击到位，以板块四周均见水泥砂浆溢出为标准；石板安放应平稳，切忌先放一头，这样易使结合层受压不均匀，在边角处产生空隙。最后应加强养护，养护期内不要上人。

③ 在做地暖前没有水泥找平，使用的苯板密度太低，不足 35g 的，铺设地暖管后水泥找平不足 4cm，都会造成大理石空鼓。特别是用了劣质的苯板，这个问题会很明显，所以在地暖铺好水泥找平前一定要好好验收。

工艺解析

第一步：预埋止水坎

在钢筋混凝土的原建筑楼板上方相应位置，砌筑一个隐藏式的长方体素混凝土止水坎。

第二步：基层处理

第三步：涂刷界面剂

第四步：做找平

安装导水槽一端按设计图纸在一段距离外涂刷 30mm 厚 1：3 水泥砂浆找平层，止水坎另一端直接涂刷相同厚度的水泥砂浆做找平。

第五步：防水处理

沿已刷好的施工面刷 1.5mm 厚 JS 防水涂料或聚氨酯涂膜防水层。

第六步：做防水保护层

用 1：3 的水泥砂浆做 10mm 厚的防水保护层。

第七步：导水槽石材铺贴

在保护层上涂 30mm 厚 1：3 干硬性水泥砂浆黏结层，并刷 10mm 厚素水泥膏（黑或白水泥膏），嵌入底层石材后，用加工好的石条垫边，石条与地平面素水泥膏层齐平，不应超出。

第八步：地面石材铺贴

地面石材铺贴时，在淋浴间导水槽处预留一定宽度的槽口，槽口伸出的石材做 4mm×4mm 的倒角处理。

第九步：安装隔断

在淋浴间与卫生间隔断处开凹槽，用 U 形不锈钢垫槽后用结构胶在不锈钢槽内安橡胶垫，安装 10mm 厚钢化玻璃。

淋浴间内导水槽工艺（1）实景效果图

淋浴间内的导水槽高度为50mm~80mm 较为合适，可以拦截淋浴的水，便于清理。

▶▶ 淋浴间内导水槽工艺（2）

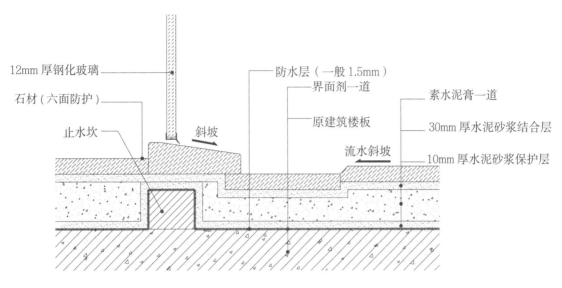

12mm 厚钢化玻璃

石材（六面防护）

止水坎

斜坡

防水层（一般 1.5mm）

界面剂一道

原建筑楼板

流水斜坡

素水泥膏一道

30mm 厚水泥砂浆结合层

10mm 厚水泥砂浆保护层

淋浴间内导水槽工艺（2）节点图

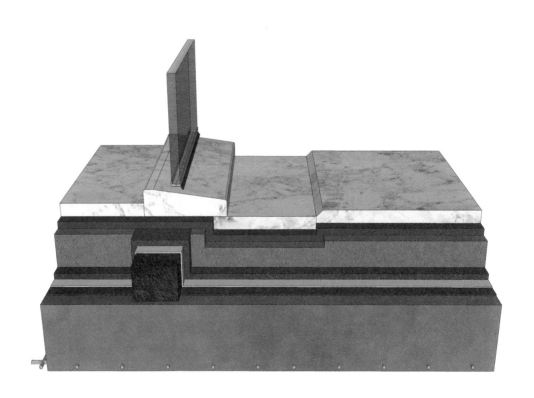

扫 / 码 / 观 / 看
"淋浴间内导水槽工艺
2)" 三维节点动图

淋浴间内导水槽工艺（2）三维示意图

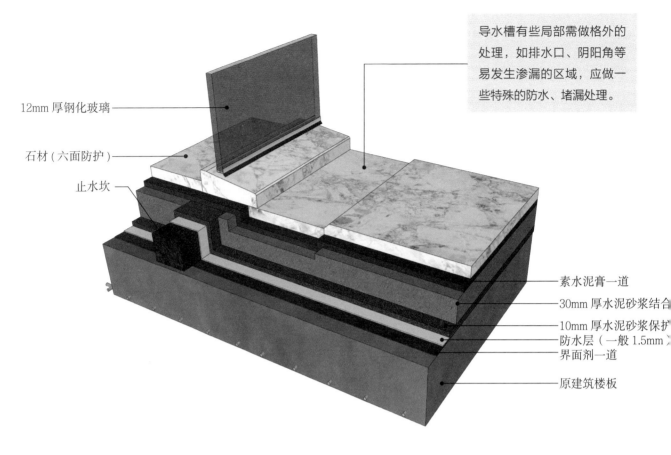

12mm 厚钢化玻璃

石材（六面防护）

止水坎

导水槽有些局部需做格外的
处理，如排水口、阴阳角等
易发生渗漏的区域，应做一
些特殊的防水、堵漏处理。

素水泥膏一道

30mm 厚水泥砂浆结合层

10mm 厚水泥砂浆保护层

防水层（一般 1.5mm）

界面剂一道

原建筑楼板

淋浴间内导水槽工艺（2）三维示意图解析

工艺解析

地面石材铺贴时，淋浴间导水
槽两边的石材做好流水斜坡处理。

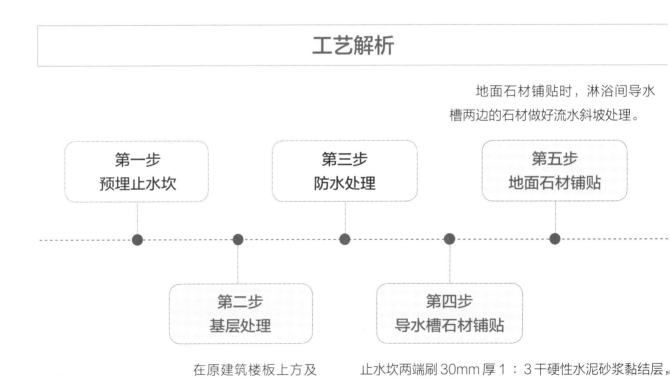

第一步
预埋止水坎

第三步
防水处理

第五步
地面石材铺贴

第二步
基层处理

第四步
导水槽石材铺贴

在原建筑楼板上方及
止水坎表面刷界面剂一道。

止水坎两端刷 30mm 厚 1：3 干硬性水泥砂浆黏结层，
在止水坎及水泥砂浆黏结层表面刷 10mm 厚素水泥膏（黑
或白水泥膏），铺贴的石材应与较高的素水泥膏地面齐平。

淋浴间内导水槽工艺（2）实景效果图

小户型淋浴房地面做导水槽不仅可以美化空间，其中间高四周低的特性更是方便整个空间的排水。

►► **淋浴间内导水槽工艺（3）**

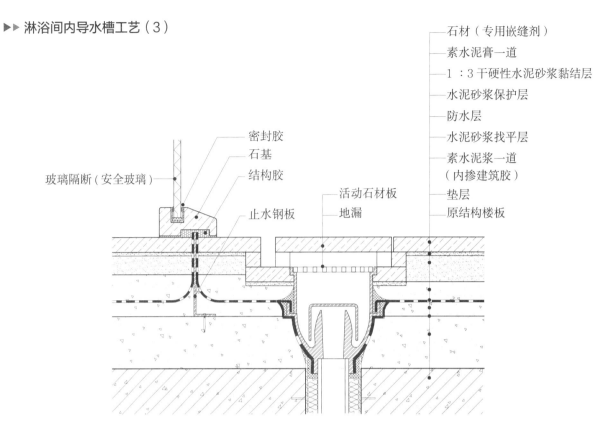

玻璃隔断（安全玻璃）

密封胶
石基
结构胶
止水钢板
活动石材板
地漏

石材（专用嵌缝剂）
素水泥膏一道
1：3干硬性水泥砂浆黏结层
水泥砂浆保护层
防水层
水泥砂浆找平层
素水泥浆一道
（内掺建筑胶）
垫层
原结构楼板

淋浴间内导水槽工艺（3）节点图

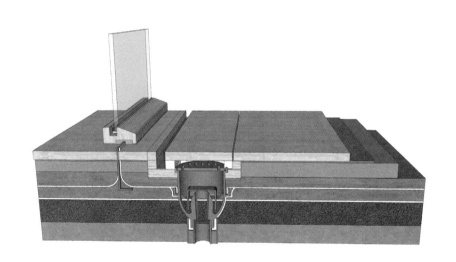

扫 / 码 / 观 / 看
"淋浴间内导水槽工艺
（3）"三维节点动图

淋浴间内导水槽工艺（3）节点图

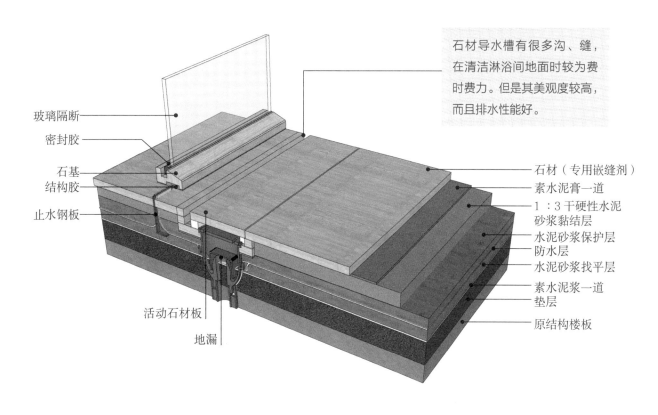

玻璃隔断
密封胶
石基
结构胶
止水钢板

石材导水槽有很多沟、缝，在清洁淋浴间地面时较为费时费力。但是其美观度较高，而且排水性能好。

石材（专用嵌缝剂）
素水泥膏一道
1：3干硬性水泥砂浆黏结层
水泥砂浆保护层
防水层
水泥砂浆找平层
素水泥浆一道
垫层
原结构楼板

活动石材板
地漏

淋浴间内导水槽工艺（3）三维示意图解析

工艺解析

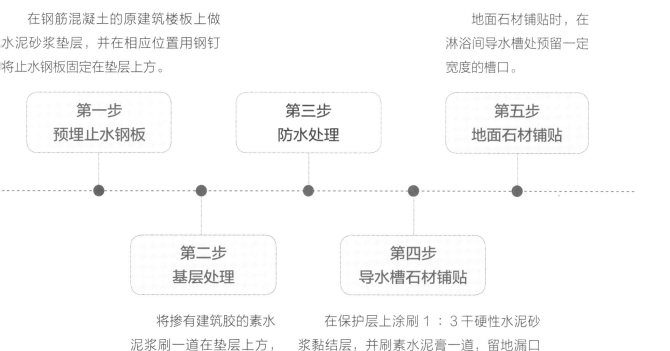

在钢筋混凝土的原建筑楼板上做水泥砂浆垫层，并在相应位置用钢钉将止水钢板固定在垫层上方。

地面石材铺贴时，在淋浴间导水槽处预留一定宽度的槽口。

第一步
预埋止水钢板

第三步
防水处理

第五步
地面石材铺贴

第二步
基层处理

第四步
导水槽石材铺贴

将掺有建筑胶的素水泥浆刷一道在垫层上方，并用水泥砂浆进行找平。

在保护层上涂刷1：3干硬性水泥砂浆黏结层，并刷素水泥膏一道，留地漏口并安装活动石材板。

淋浴间内导水槽工艺（3）实景效果图

淋浴间内导水槽通常用瓷砖
或大理石进行铺贴。白色的
地面和台面呼应，配上浅灰
色的木纹砖，整体较为符合
轻奢的装饰风格。

5.6
不锈钢地漏盖板

▶▶ **不锈钢地漏盖板（可活动隐藏式）**

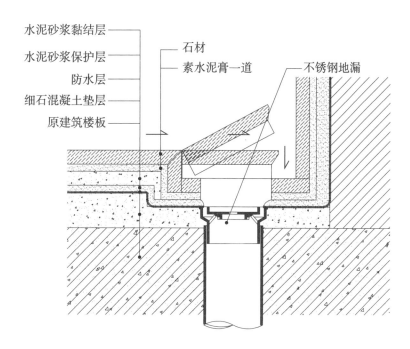

水泥砂浆黏结层
水泥砂浆保护层
防水层
细石混凝土垫层
原建筑楼板
石材
素水泥膏一道
不锈钢地漏

不锈钢地漏盖板（可活动隐藏式）节点图

扫 / 码 / 观 / 看
"不锈钢地漏盖板（可活
动隐藏式）"三维节点
动图

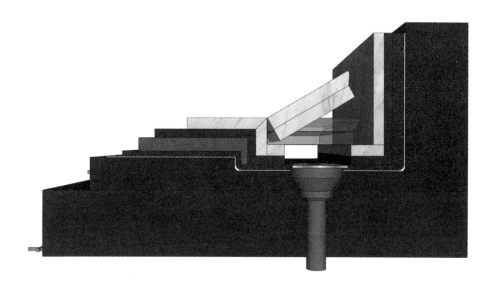

不锈钢地漏盖板（可活动隐藏式）三维示意图

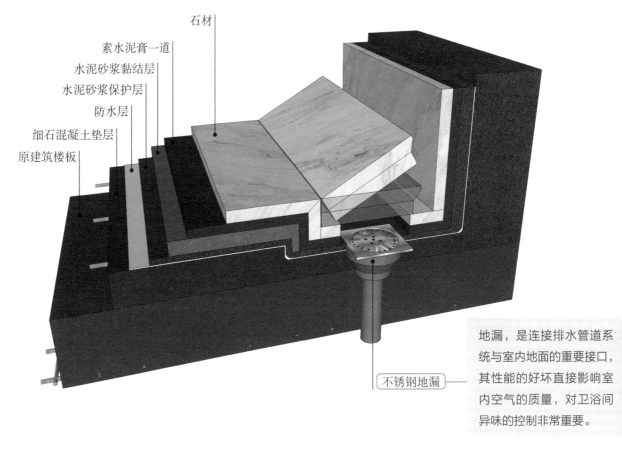

石材

素水泥膏一道
水泥砂浆黏结层
水泥砂浆保护层
防水层
细石混凝土垫层
原建筑楼板

不锈钢地漏

地漏，是连接排水管道系统与室内地面的重要接口，其性能的好坏直接影响室内空气的质量，对卫浴间异味的控制非常重要。

不锈钢地漏盖板（可活动隐藏式）三维示意图解析

/ 常见地漏分类 /

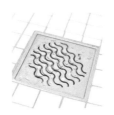

水封地漏	偏心块式地漏	弹簧式地漏	吸铁石式地漏	硅胶式地漏	翻板地漏
特点：使用时间最长的一类地漏。若几天不使用，存水弯就会因为没存水而使下水管滋生臭味和害虫，即使加高存水弯，长期不使用也会产生不防臭的问题	**特点**：利用重力偏心的原理进行密封，一边用密封垫一边用销子来进行固定。因其封闭不够严密，销钉较易损坏	**特点**：弹簧式分为上弹式和下弹式。上弹式是按压的盖板，而下弹式则是用弹簧拉伸密封芯下端的密封垫来进行密封。由于弹簧易锈蚀，故其使用的寿命不长	**特点**：利用磁铁的磁力来进行吸合密封垫再进行密封的原理，但因地面流水中会有杂质吸附在吸铁石上，所以使用一段时间后，密封垫就无法完整闭合	**特点**：通过硅胶底部被水冲开进行排水，等排水结束后，硅胶底部会因弹力自动贴合，具有良好的防臭效果	**特点**：利用重力偏心原理密封，排水时垫片在水压的作用下打开，排水结束后垫片在铅块的重力作用下闭合

工艺解析

第一步：测量弹线

在地面按设计图纸弹出导水槽口安装的位置线及水平的分格线。

第二步：基层处理

第三步：做垫层

在原建筑楼板上方做一层 50mm 厚细石混凝土垫层，垫层内有由直径为 6mm 的钢筋间隔 150mm 做成的钢筋网。

第四步：防水处理

待垫层干透后刷 1.5mm 厚 JS 防水涂料或聚氨酯涂膜防水层。

第五步：做防水保护层

做 10mm 厚 1 ：3 水泥砂浆保护层。

第六步：做黏结层

30mm 厚 1 ：3 干硬性水泥砂浆做黏结层涂刷在保护层上方，安装地漏处不砌此层以得到排水所需的高度差。

第七步：预排

测量石材大小，同时考虑屋内排水管线位置，预排时将地漏转角相接处的石材进行标记，并做好倒角处理，以便石材相接。

第八步：铺贴石材

在石材背面刷 10mm 厚素水泥膏一道，按石材编号及纹路方向将地面及地漏处的石材铺贴完成，不锈钢地漏上方做可活动的石材盖板将地漏进行隐藏，同时留出一道凹缝方便排水。

第九步：勾缝清理

石材铺贴完成后，用水泥浆进行勾缝。应注意勾缝时间，若过早勾缝，会影响石材铺贴的效果，造成高低不平、松动脱落等现象。水泥浆凝干前，仔细清理石材面的灰浆，并把地面擦拭干净。

可活动隐藏式地漏盖板能
够有效地隐藏地漏，还能
让地面更加整洁有序。

不锈钢地漏盖板（可活动隐藏式）实景效果图

►► 不锈钢地漏盖板（不可活动隐藏式）

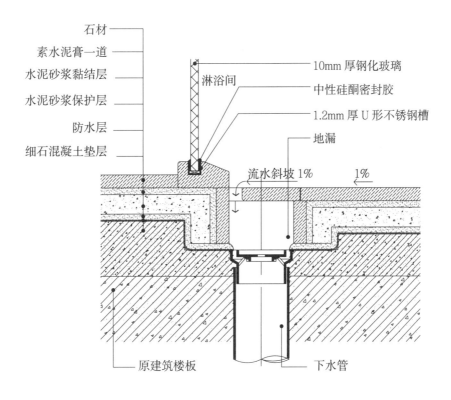

不锈钢地漏盖板（不可活动隐藏式）节点图

石材
素水泥膏一道
水泥砂浆黏结层
水泥砂浆保护层
防水层
细石混凝土垫层

10mm 厚钢化玻璃
淋浴间
中性硅酮密封胶
1.2mm 厚 U 形不锈钢槽
地漏
流水斜坡 1%　1%

原建筑楼板　　下水管

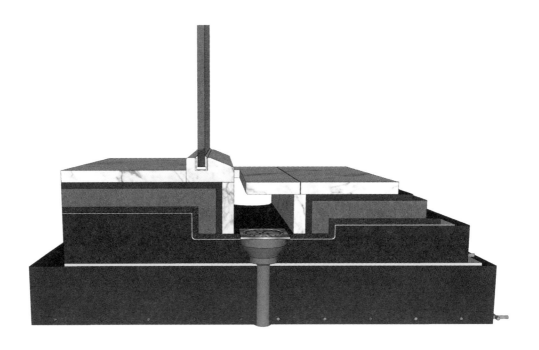

不锈钢地漏盖板（不可活动隐藏式）三维示意图

扫 / 码 / 观 / 看
"不锈钢地漏盖板（不可
活动隐藏式）"三维节点
动图

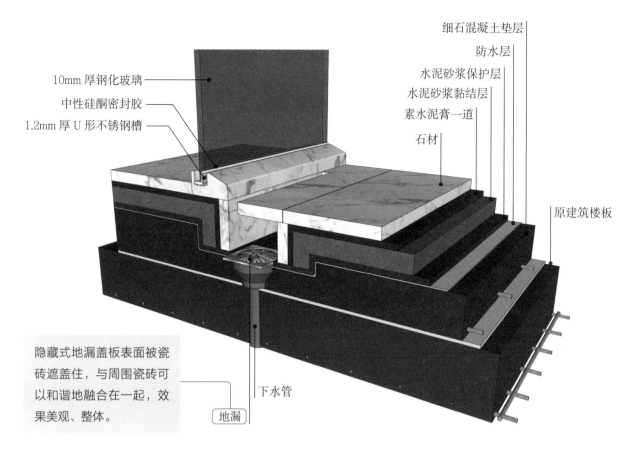

10mm 厚钢化玻璃

中性硅酮密封胶

1.2mm 厚 U 形不锈钢槽

细石混凝土垫层

防水层

水泥砂浆保护层

水泥砂浆黏结层

素水泥膏一道

石材

原建筑楼板

隐藏式地漏盖板表面被瓷砖遮盖住，与周围瓷砖可以和谐地融合在一起，效果美观、整体。

下水管

地漏

不锈钢地漏盖板（不可活动隐藏式）三维示意图解析

工艺解析

10mm 厚素水泥膏均匀批涂在石材背面，石材根据编号及纹路方向铺贴，地漏上方做有 1% 斜坡的石材盖板将地漏进行隐藏，留出一凹缝排水。

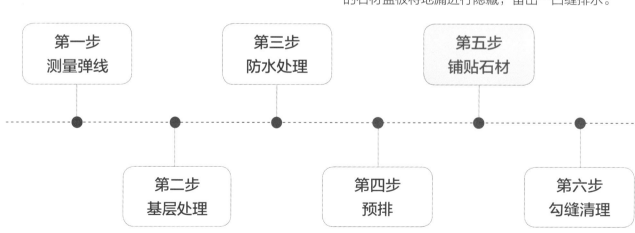

第一步
测量弹线

第三步
防水处理

第五步
铺贴石材

第二步
基层处理

第四步
预排

第六步
勾缝清理

不可活动的隐藏式地漏板通过导水槽进行排水。灰色大理石纹路和绿松石的地砖形成复古的室内风格。

不锈钢地漏盖板（不可活动隐藏式）实景效果图

▶▶ **不锈钢地漏盖板（明装式）**

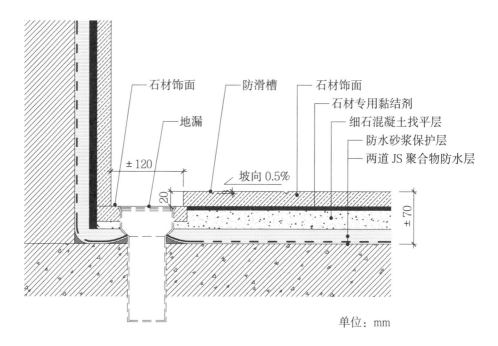

石材饰面　　防滑槽　　石材饰面

石材专用黏结剂

细石混凝土找平层

防水砂浆保护层

两道 JS 聚合物防水层

地漏

± 120

坡向 0.5%

20

± 70

单位：mm

不锈钢地漏盖板（明装式）节点图

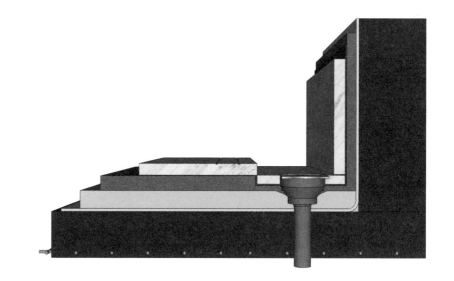

扫／码／观／看
"不锈钢地漏盖板（明装
式）"三维节点动图

不锈钢地漏盖板（明装式）三维示意图

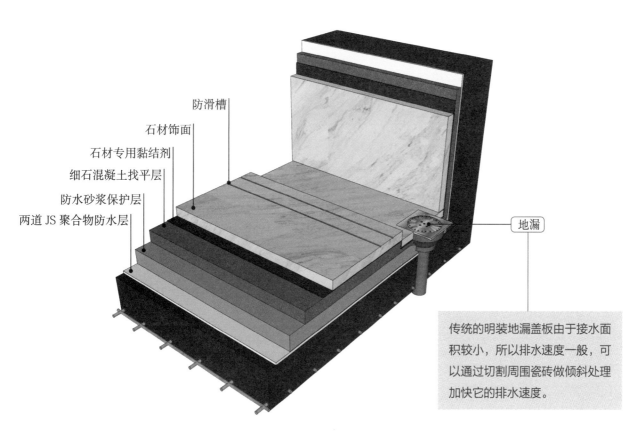

防滑槽
石材饰面
石材专用黏结剂
细石混凝土找平层
防水砂浆保护层
两道 JS 聚合物防水层

地漏

传统的明装地漏盖板由于接水面积较小，所以排水速度一般，可以通过切割周围瓷砖做倾斜处理加快它的排水速度。

不锈钢地漏盖板（明装式）三维示意图解析

工艺解析

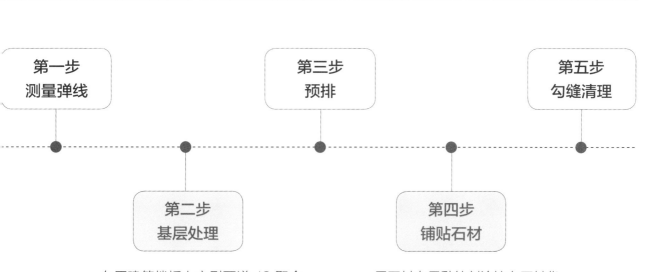

第一步
测量弹线

第三步
预排

第五步
勾缝清理

第二步
基层处理

第四步
铺贴石材

在原建筑楼板上方刷两道 JS 聚合物防水层，并做防水砂浆保护层。待保护层砂浆干透后用细石混凝土进行 0.5% 的找坡。

用石材专用黏结剂涂抹在石材背面，将石材按编号铺贴完成，地漏处留约 120mm 的槽口排水，不用盖板进行遮挡。

选择地漏时注意下水管的管径大小，避免出现地漏的长度大于下水管转弯处的长度、地漏安装不上的现象。

不锈钢地漏盖板（明装式）实景效果图

5.7
地漏与地砖相接

▶▶ 地漏与地砖相接（1）

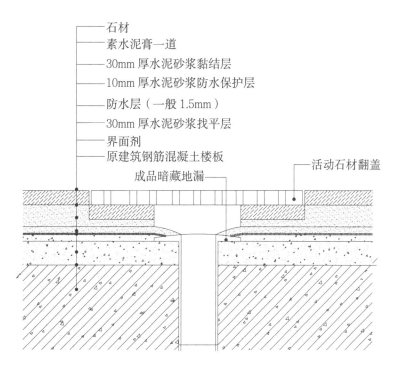

石材
素水泥膏一道
30mm 厚水泥砂浆黏结层
10mm 厚水泥砂浆防水保护层
防水层（一般 1.5mm）
30mm 厚水泥砂浆找平层
界面剂
原建筑钢筋混凝土楼板
成品暗藏地漏
活动石材翻盖

地漏与地砖相接（1）节点图

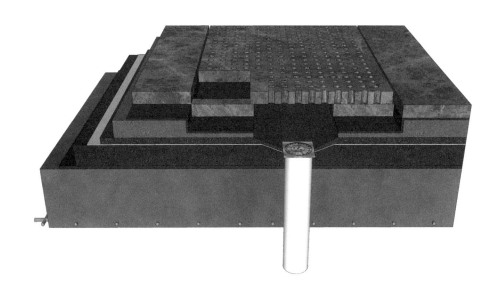

地漏与地砖相接（1）三维示意图

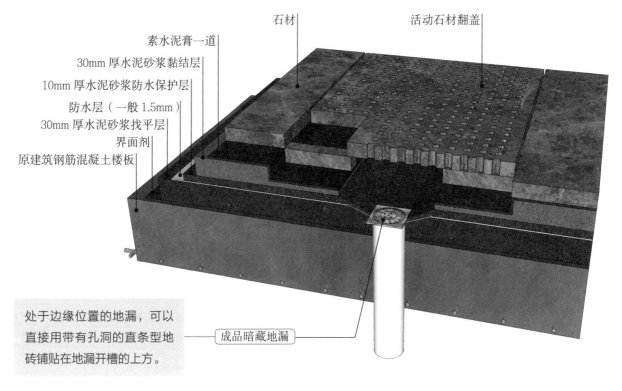

石材　　　活动石材翻盖

素水泥膏一道
30mm 厚水泥砂浆黏结层
10mm 厚水泥砂浆防水保护层
防水层（一般 1.5mm）
30mm 厚水泥砂浆找平层
界面剂
原建筑钢筋混凝土楼板

处于边缘位置的地漏，可以直接用带有孔洞的直条型地砖铺贴在地漏开槽的上方。

成品暗藏地漏

地漏与地砖相接（1）三维示意图解析

工艺解析

刷 1.5mm 厚 JS 防水涂料或聚氨酯涂膜防水层，并做 10mm 厚 1：3 水泥砂浆防水保护层。

按设计要求做不同厚度的 1：3 干硬性水泥砂浆黏结层，再将 10mm 厚素水泥膏均匀批涂在石材背面，根据编号及纹路方向铺贴石材，并将活动石材翻盖安装在成品暗藏地漏上方。

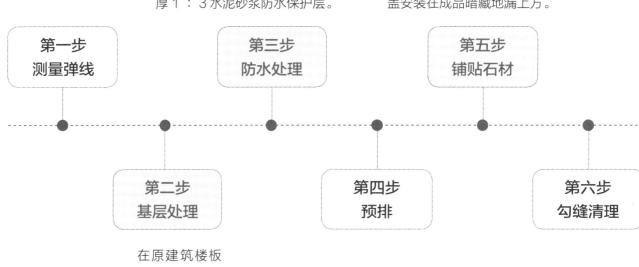

第一步
测量弹线

第三步
防水处理

第五步
铺贴石材

第二步
基层处理

第四步
预排

第六步
勾缝清理

在原建筑楼板上做 30mm 厚水泥砂浆找平层。

地漏与地砖相接（1）实景效果图

选择地漏时注意下水管的管
径大小，避免出现地漏的长
度大于下水管转弯处的长度、
地漏安装不上的现象。

►► 地漏与地砖相接（2）

防滑地砖
黏结层
水泥砂浆保护层
防水层
水泥砂浆找平层
水泥砂浆一道（内掺建筑胶）
垫层
原建筑楼板

地漏

1%　　　　1%

地漏与地砖相接（2）节点图

扫 / 码 / 观 / 看
"地漏与地砖相接（2）"
三维节点动图

地漏与地砖相接（2）三维示意图

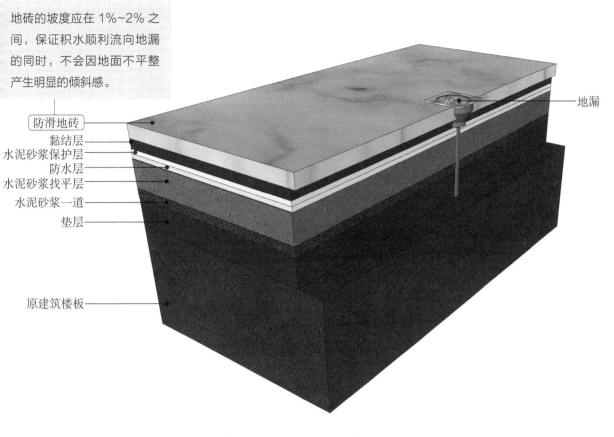

地砖的坡度应在 1%~2% 之间，保证积水顺利流向地漏的同时，不会因地面不平整产生明显的倾斜感。

防滑地砖
黏结层
水泥砂浆保护层
防水层
水泥砂浆找平层
水泥砂浆一道
垫层

原建筑楼板

地漏

地漏与地砖相接（2）三维示意图解析

工艺解析

地砖背面刷水泥砂浆，将切割好的瓷砖铺贴在地漏周边，形成 1% 的找水坡度，在地漏背面同样抹上水泥，对准下水口，盖上地漏面板。

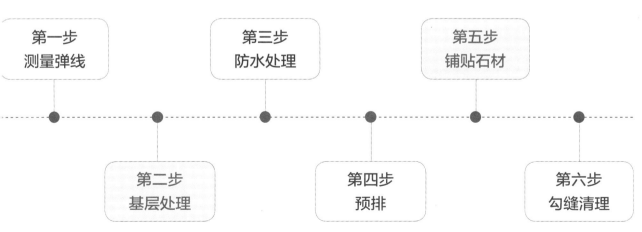

| 第一步 测量弹线 | | 第三步 防水处理 | | 第五步 铺贴石材 | |
| 第二步 基层处理 | | 第四步 预排 | | 第六步 勾缝清理 |

在原结构楼板上做垫层，刮掺建筑胶的素水泥浆一道，用水泥砂浆做找平层。

地漏与地砖相接是卫生间、淋浴间中最为常见的一类节点，可以根据不同的家庭风格选择相应的相接方式。

地漏与地砖相接处（2）实景效果图

5.8
地漏与石材相接

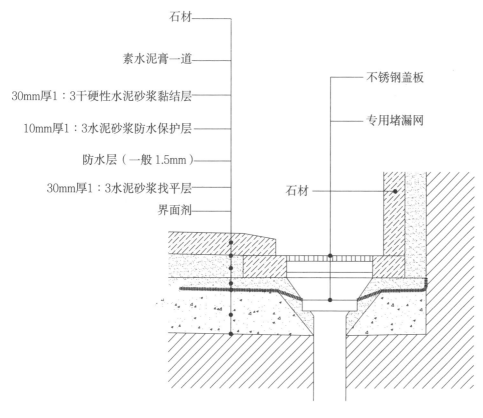

石材

素水泥膏一道

30mm厚1：3干硬性水泥砂浆黏结层

10mm厚1：3水泥砂浆防水保护层

防水层（一般1.5mm）

30mm厚1：3水泥砂浆找平层

界面剂

不锈钢盖板

专用堵漏网

石材

地漏与石材相接节点图

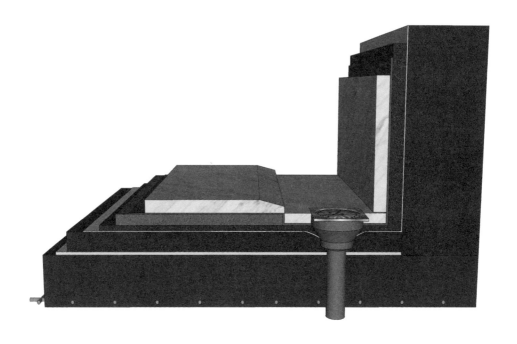

地漏与石材相接三维示意图

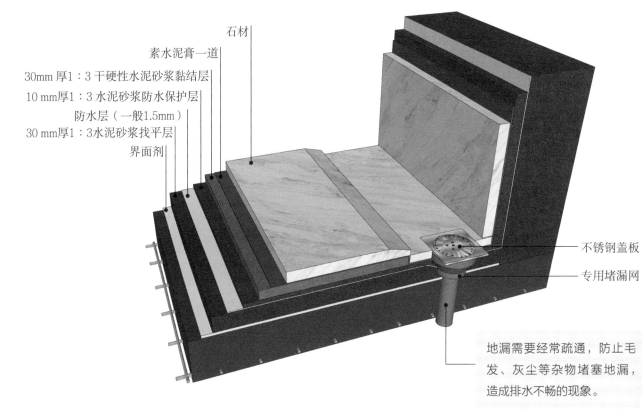

石材

素水泥膏一道

30mm厚1：3干硬性水泥砂浆黏结层

10 mm厚1：3 水泥砂浆防水保护层

防水层（一般1.5mm）

30 mm厚1：3水泥砂浆找平层

界面剂

不锈钢盖板

专用堵漏网

地漏需要经常疏通，防止毛发、灰尘等杂物堵塞地漏，造成排水不畅的现象。

地漏与石材相接三维示意图解析

工艺解析

在地漏一侧做水泥砂浆黏结层，与地漏形成高差方便排水，再将素水泥膏均匀批涂在石材背面铺贴石材，地漏排水管端头放专用堵漏网，地漏口盖不锈钢盖板。

第一步
测量弹线

第三步
防水处理

第五步
铺贴石材

第二步
基层处理

第四步
预排

第六步
勾缝清理

地漏周围的地砖可以做斜坡，
方便排水。

地漏与石材相接实景效果图

5.9
门槛石相接

▶▶ 石材—门槛石相接

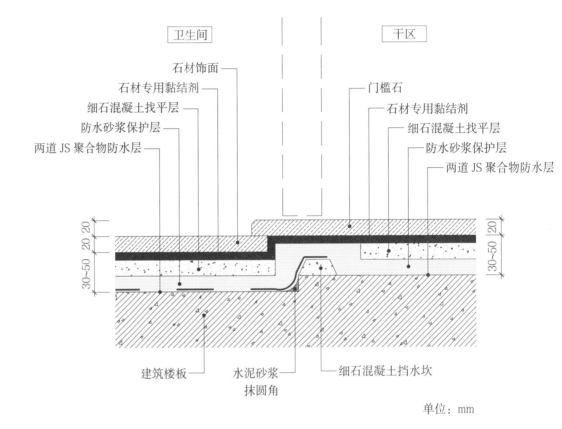

石材—门槛石相接节点图

单位：mm

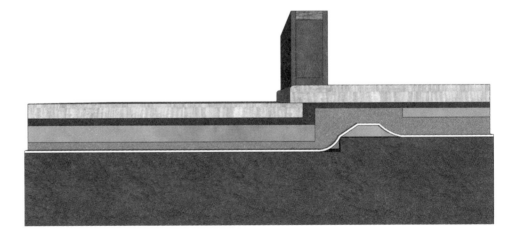

石材—门槛石相接三维示意图

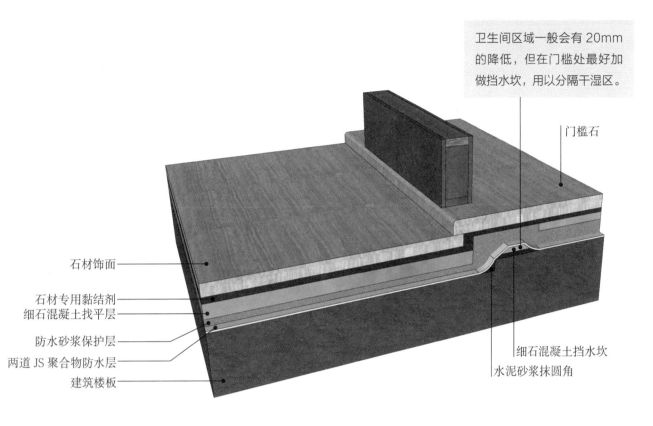

卫生间区域一般会有 20mm 的降低，但在门槛处最好加做挡水坎，用以分隔干湿区。

门槛石

石材饰面

石材专用黏结剂

细石混凝土找平层

防水砂浆保护层

两道 JS 聚合物防水层

建筑楼板

细石混凝土挡水坎

水泥砂浆抹圆角

石材—门槛石相接三维示意图解析

工艺解析

细石混凝土找平层在挡水坎两侧砌筑，形成高差。

石材专用黏结剂涂抹在石材背面及找平层表面，20mm 厚石材铺贴，石材与石材利用高差相交，外露的石材尖角做好倒角处理。

第一步
测量弹线

第三步
基层处理

第五步
铺贴石材

第二步
防水处理

第四步
预排

第六步
勾缝清理

在原建筑楼板做高的平面，与较低平面相接处用细石混凝土设一挡水坎，刷两道 JS 聚合物防水层，做防水砂浆保护层。

石材—门槛石相接实景效果图

石材与门槛石的材质可相同，也可不同。相同的材质会让地面更具有整体性和延伸感，若门槛石材质不同，则具有分割空间的作用。

▶▶ 地毯—门槛石—地砖相接

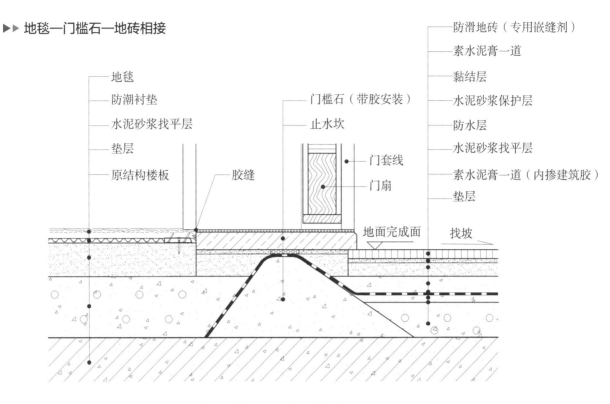

地毯
防潮衬垫
水泥砂浆找平层
垫层
原结构楼板
胶缝
门槛石（带胶安装）
止水坎
门套线
门扇
地面完成面
找坡
防滑地砖（专用嵌缝剂）
素水泥膏一道
黏结层
水泥砂浆保护层
防水层
水泥砂浆找平层
素水泥膏一道（内掺建筑胶）
垫层

地毯—门槛石—地砖相接节点图

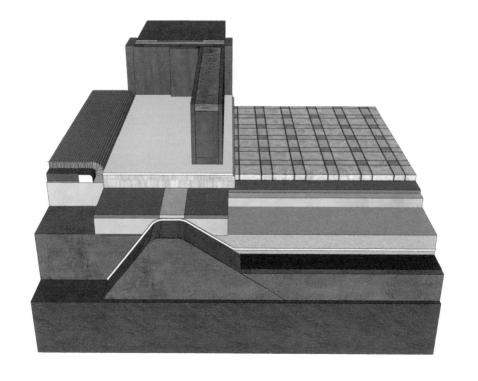

扫／码／观／看
"地毯—门槛石—地砖相
接"三维节点动图

地毯—门槛石—地砖相接三维示意图

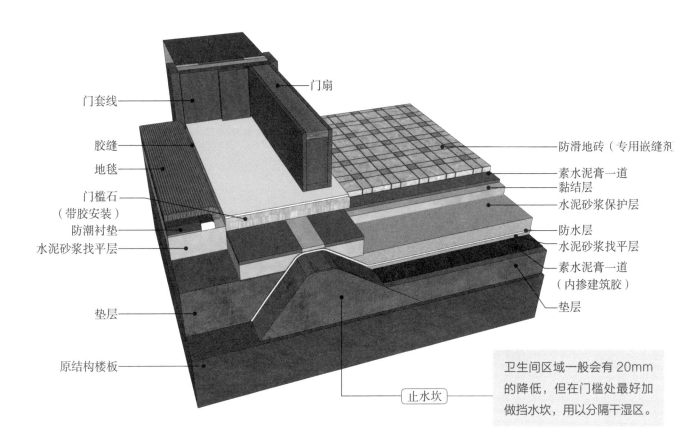

门扇

门套线

胶缝

地毯

门槛石
（带胶安装）

防潮衬垫

水泥砂浆找平层

垫层

原结构楼板

防滑地砖（专用嵌缝剂

素水泥膏一道

黏结层

水泥砂浆保护层

防水层

水泥砂浆找平层

素水泥膏一道
（内掺建筑胶）

垫层

止水坎

卫生间区域一般会有 20mm
的降低，但在门槛处最好加
做挡水坎，用以分隔干湿区。

地毯—门槛石—地砖相接三维示意图解析

/ 常见的地毯分类 /

羊毛地毯	植物纤维地毯	混纺地毯	纯棉地毯	化纤地毯
特点：由纯羊毛制成，毛质细密，具有天然的弹性，受压后能很快恢复原状，吸音、保暖、脚感舒适，不带静电，不易吸尘土，阻燃，图案精美，不易老化褪色	**特点**：由草、剑麻、玉米皮等材料纺织而成，类型多样，其中剑麻地毯较为常用，此类地毯效果自然、淳朴，适合夏季铺设，易脏、不易保养，不适合潮湿地区	**特点**：羊毛与合成纤维混合，使用性能有所提高，花色、质感和手感上与羊毛地毯差别不大，克服了羊毛地毯不耐虫蛀的缺点，具有更高的耐磨性，吸音、保湿、弹性好	**特点**：由棉纤维制成，抗静电，吸水性强，脚感柔软舒适，便于清洁，可以直接放入洗衣机清洗，耐磨性不如混纺和化纤地毯	**特点**：包括聚丙烯地毯、丙纶地毯、尼龙地毯等，耐磨性好并且富有弹性，价格较低，克服了纯毛地毯易腐蚀、易霉变的缺点，阻燃性、抗静电性相对较差

工艺解析

第一步：测量弹线

按设计图纸将地毯、门槛石及地砖的安装线弹出，同时弹出水平分格线。

第二步：基层处理

第三步：做止水坎

在门槛石安装位置先砌起一个坡形的止水坎。

第四步：做垫层

地砖安装面的基层先做一垫层，再刷掺建筑胶的素水泥浆一道，做水泥砂浆找平层。地毯铺贴面在原结构楼板上做垫层并用水泥砂浆进行找平。

第五步：防水处理

地毯铺贴处在水泥砂浆找平层上方用专用胶贴防潮衬垫。地砖铺贴处刷防水涂料作防水层并用水泥砂浆对防水层进行保护。

第六步：饰材铺贴

在地砖水泥砂浆保护层的上方刷一层黏结用水泥砂浆，在防滑地砖背面均匀涂素水泥膏一道，铺贴防滑地砖并用专用嵌缝剂进行嵌缝。石材带胶安装，压住地毯边缘并与地砖相接。

第七步：清理完成面

将地毯表面的绒毛、纤维打扫整洁，并用吸尘器将地毯表面全部吸一遍。石材及地砖表面的胶痕、污渍等应及时用清水及棉布清理干净。

▶▶ **石材—门槛石—地砖相接**

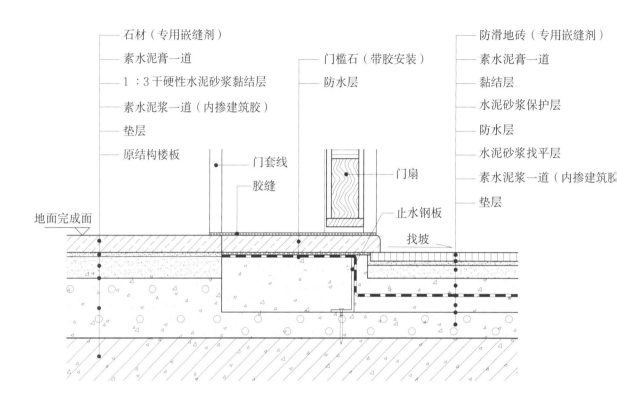

石材（专用嵌缝剂）
素水泥膏一道
1:3干硬性水泥砂浆黏结层
素水泥浆一道（内掺建筑胶）
垫层
原结构楼板
门套线
胶缝
地面完成面

门槛石（带胶安装）
防水层
门扇
止水钢板
找坡

防滑地砖（专用嵌缝剂）
素水泥膏一道
黏结层
水泥砂浆保护层
防水层
水泥砂浆找平层
素水泥浆一道（内掺建筑胶）
垫层

石材—门槛石—地砖相接节点图

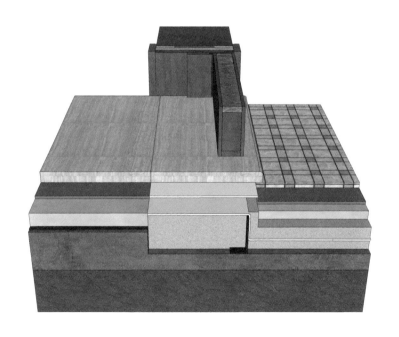

石材—门槛石—地砖相接三维示意图

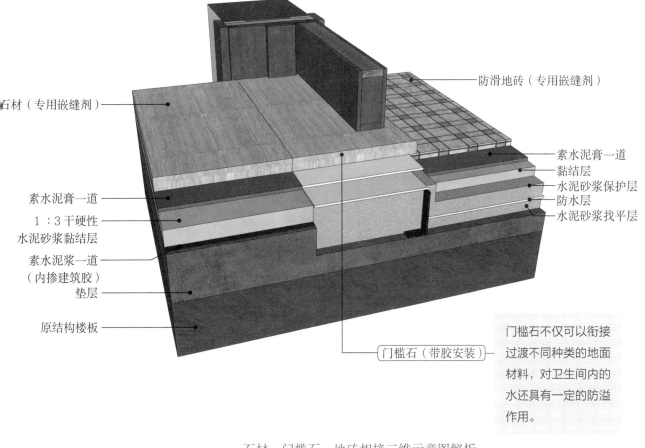

石材（专用嵌缝剂）

防滑地砖（专用嵌缝剂）

素水泥膏一道

素水泥膏一道
黏结层
水泥砂浆保护层
防水层
水泥砂浆找平层

1：3干硬性
水泥砂浆黏结层

素水泥浆一道
（内掺建筑胶）
垫层

原结构楼板

门槛石（带胶安装）

门槛石不仅可以衔接过渡不同种类的地面材料，对卫生间内的水还具有一定的防溢作用。

石材—门槛石—地砖相接三维示意图解析

—— / 门槛石的作用 / ——

① 解决高度差

地面铺设一般不会选择单一的材料铺设，卫生间多选择瓷砖，而客厅、卧室多选择木地板铺设。若没做好地面找平，或未事先确定地板厚度，可能会导致木地板和瓷砖产生高度差。在衔接处做门槛石，既解决了高度差问题又达到过渡的效果。

② 解决收口问题

因为各材料的施工工艺不同，所以不同地面材料之间难免会产生缝隙。这时可做门槛石进行收口。若家中所有地面通铺瓷砖，可以不要门槛石。通铺的效果比做门槛石要美观，但费用相对较高，需要增加人工费和材料费。

③ 防水

门槛石最主要的功能就是可以防水。为防止卫生间的水渗透到客厅地板，卫生间门口地面一般都会做门槛石，且门槛石高度比卫生间地面高。未做门槛石的卫生间水汽会直接传到客厅地板上，导致客厅地板寿命减少。而做了门槛石的卫生间水汽直接返回卫生间，不用担心客厅地板受潮。

工艺解析

第一步：测量弹线

按设计图纸将石材、门槛石及防滑地砖的安装线弹出，并弹出水平分格线。

第二步：基层处理

第三步：做垫层

先在原结构楼板上砌起相应厚度的垫层，门槛石安装位置先做长方体的止水坎。

第四步：刷素水泥浆

石材饰面铺贴处在垫层上刷掺建筑胶的素水泥浆一道，防滑地砖铺贴面涂刷同样的素水泥浆。

第五步：做找平层

第六步：防水处理

在门槛石及地砖安装处刷一道防水层。

第七步：做防水保护层

地砖安装处再刷一道水泥砂浆层，用来保护防水层。

第八步：做黏结层

地砖及石材铺贴处用1∶3干硬性水泥砂浆做黏结层，再在石材与地砖背面刮素水泥膏一道。

第九步：饰材铺贴

防滑地砖找坡铺贴，石材分段铺贴在其余两饰面安装处，并用专用嵌缝剂嵌缝，带胶安装门槛石。

第十步：清理完成面

所有饰材表面的水泥渍、污痕等应及时用清水及棉布处理。对于较厚的水泥层，可先用生物水泥清洗剂喷洒，待水泥软化后，再用清水冲洗或用布擦拭。

门槛石通常出现在两个房间的交界处，根据相接材料的不同，其做法也不相同。带防水的做法通常被用于厨房、卫生间及阳台与其他空间的连接处。

石材—门槛石—地砖相接实景效果图

►► **地砖—门槛石—地砖相接**

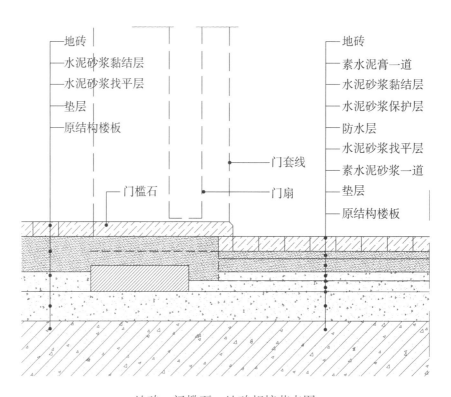

地砖
水泥砂浆黏结层
水泥砂浆找平层
垫层
原结构楼板

门套线
门扇

门槛石

地砖
素水泥膏一道
水泥砂浆黏结层
水泥砂浆保护层
防水层
水泥砂浆找平层
素水泥砂浆一道
垫层
原结构楼板

地砖—门槛石—地砖相接节点图

扫 / 码 / 观 / 看
"地砖—门槛石—地砖相接"三维节点动图

地砖—门槛石—地砖相接三维示意图

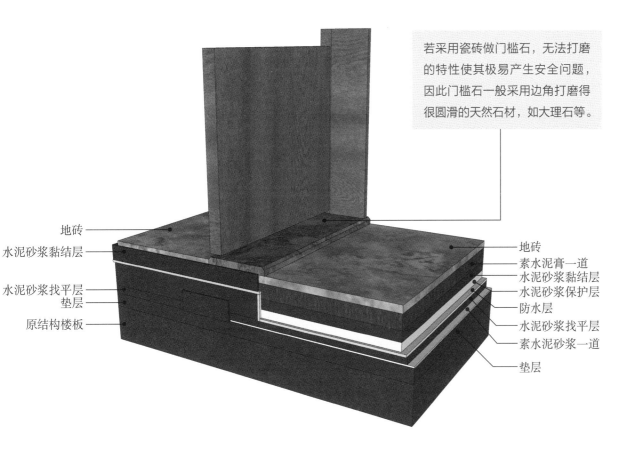

若采用瓷砖做门槛石，无法打磨的特性使其极易产生安全问题，因此门槛石一般采用边角打磨得很圆滑的天然石材，如大理石等。

地砖
水泥砂浆黏结层
水泥砂浆找平层
垫层
原结构楼板

地砖
素水泥膏一道
水泥砂浆黏结层
水泥砂浆保护层
防水层
水泥砂浆找平层
素水泥砂浆一道
垫层

地砖—门槛石—地砖相接三维示意图解析

工艺解析

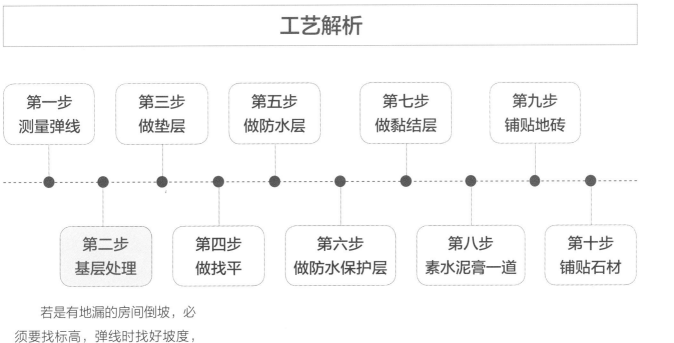

第一步 测量弹线		第三步 做垫层		第五步 做防水层		第七步 做黏结层		第九步 铺贴地砖
	第二步 基层处理		第四步 做找平		第六步 做防水保护层		第八步 素水泥膏一道		第十步 铺贴石材

若是有地漏的房间倒坡，必须要找标高，弹线时找好坡度，抹灰饼和标筋时，抹出泛水。

▶▶ **木地板—门槛石—地砖**

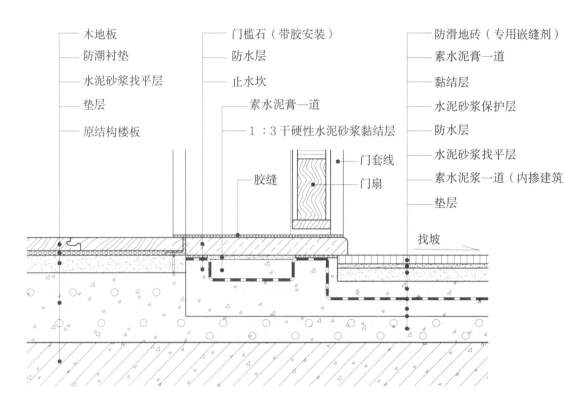

木地板
防潮衬垫
水泥砂浆找平层
垫层
原结构楼板

门槛石（带胶安装）
防水层
止水坎
素水泥膏一道
1 : 3 干硬性水泥砂浆黏结层
胶缝
门套线
门扇

防滑地砖（专用嵌缝剂）
素水泥膏一道
黏结层
水泥砂浆保护层
防水层
水泥砂浆找平层
素水泥浆一道（内掺建筑
垫层
找坡

木地板—门槛石—地砖相接节点图

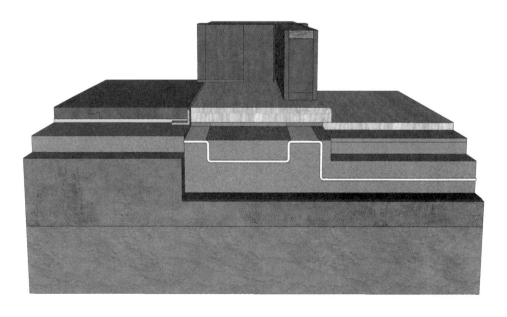

木地板—门槛石—地砖相接三维示意图

安装门槛石省时、省工、省料，同时也有利于地面的找平及拼接收口等问题，有效地节省了相应的装修成本。

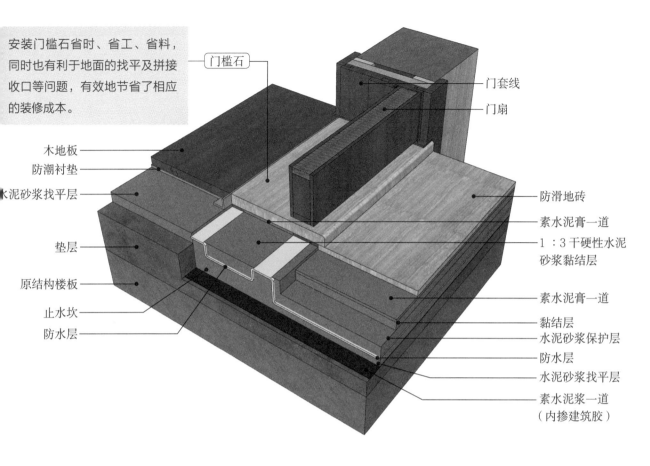

木地板—门槛石—地砖相接三维示意图解析

图中标注：
- 门槛石
- 门套线
- 门扇
- 木地板
- 防潮衬垫
- 水泥砂浆找平层
- 垫层
- 原结构楼板
- 止水坎
- 防水层
- 防滑地砖
- 素水泥膏一道
- 1：3干硬性水泥砂浆黏结层
- 素水泥膏一道
- 黏结层
- 水泥砂浆保护层
- 防水层
- 水泥砂浆找平层
- 素水泥浆一道（内掺建筑胶）

工艺解析

在门槛石及地砖处刷防水层，地砖施工面再刷一道水泥砂浆保护层，木地板则用防潮衬垫做防水。

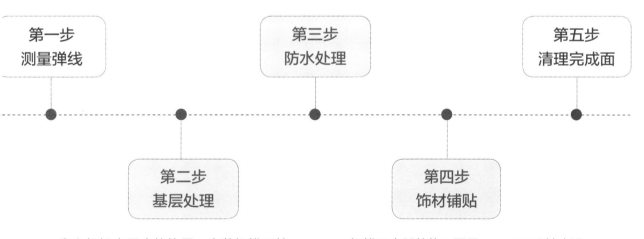

第一步 测量弹线

第二步 基层处理

第三步 防水处理

第四步 饰材铺贴

第五步 清理完成面

先砌起相应厚度的垫层，安装门槛石处做凹形止水坎，石材铺贴处刷掺建筑胶的素水泥浆一道，防滑地砖及木地板施工面再刷一层水泥砂浆找平层。

门槛石内凹的施工面用1：3干硬性水泥砂浆作为黏结层，石材背面刷素水泥膏一道进行铺贴，门槛石带胶安装。

门槛石修正高差的作用可以得到较好的空间视觉效果，且选择相近颜色的门槛石进行搭配会更加美观。

木地板—门槛石—地砖相接处实景效果图

6

隔断处节点

卫生间隔断是由特定板材，配专用配件经生产制作，现场安装而成，它适用于公共建筑和商用建筑，在卫生间内用挡板隔断成一个个独立空间。不同用途的隔断有着不一样的要求，如用于室内和居住用的卫生间隔断需要有环保和易清洁的特点。

本章中的隔断处节点包含小便斗隔断、淋浴间与卫生间之间的玻璃隔断。其中淋浴间与卫生间的玻璃隔断主要对地面、顶棚以及墙面的相接节点做工艺说明，并且针对移动玻璃隔断，对顶棚及地面滑轨进行了解说。

6.1
小便斗隔断

▶▶ 小便斗隔断（1）

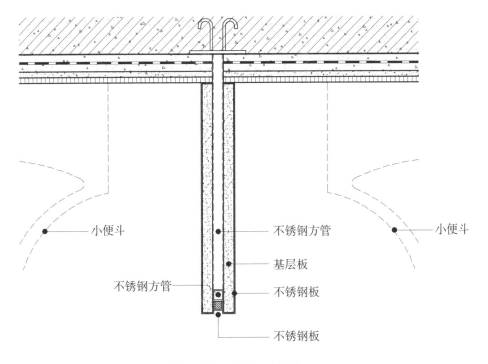

小便斗——不锈钢方管——基层板——不锈钢板——不锈钢方管——不锈钢板

小便斗隔断（1）节点图

扫 / 码 / 观 / 看
"小便斗隔断（1）"三维
节点动图

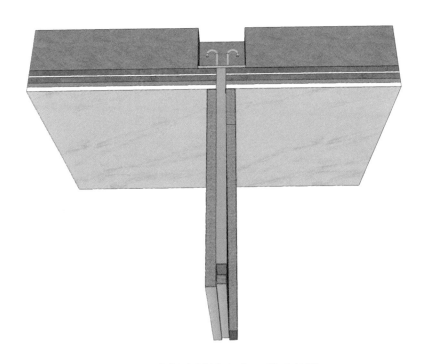

小便斗隔断（1）三维示意图

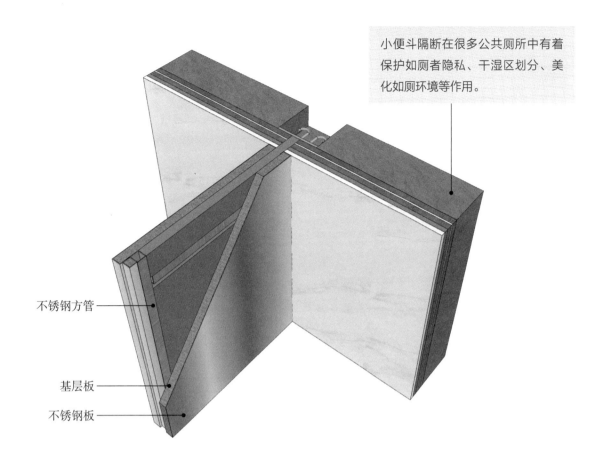

小便斗隔断在很多公共厕所中有着保护如厕者隐私、干湿区划分、美化如厕环境等作用。

不锈钢方管

基层板

不锈钢板

小便斗隔断（1）三维示意图解析

/ 小便斗隔断材料分类 /

人造板材	天然石材	复合板	塑料	玻璃
特点：人造板材包含模压板、胶合板、PVC扣板等。人造板材质量良好，拥有较好的防潮效果，但造价稍高	特点：天然石材包含大理石、花岗岩、砂岩、板岩等。天然石材刚度、硬度优良，具有良好的质感，但它易积灰，且不易清理	特点：复合板有蜂窝复合板、铝塑复合板等多种类型。作为一种常见的隔断材料，复合板质地轻、成本低，受潮后易脱胶变形	特点：塑料隔断是一种最简单的卫生间隔断，它的防水性能良好，但其具有不耐高温、易变形等弊端	特点：玻璃隔断应用广泛，主题和形式多样，贴近现实的同时还可以做到各类创新

工艺解析

第一步：放线

为保证骨架施工的准确性，在墙面进行放线，放线前检查骨架所固定结构的垂直度与平整度，如误差较大，则需进行调整。

第二步：安装连接件

将钢板预埋入墙体内，为保证骨架的稳定性，应严格把关固定用的膨胀螺栓的埋入深度，对于关键部位的膨胀螺栓，通过拉拔试验测试其是否符合设计要求。

第三步：固定骨架

将横竖向不锈钢方管与预埋在墙内的钢板焊牢作为骨架，为保证隔断板的安装精度，应用经纬仪对横竖方管进行贯通，确定后在焊缝处刷防锈漆。

第四步：安装基层板

小便斗隔断两侧分别固定两个基层板，在基层板安装固定后，再将不锈钢板粘贴在基层板上作为装饰覆面。基层板需做防火、防腐处理。

第五步：收口构造处理

隔断安装完成后，隔断面与墙面胶结处用密封胶进行密封处理，打胶须上下均匀、宽度一致。

专业型的高隔断间，更好实现了
空间划分的同时，还具有防火、
环保等优点。

小便斗隔断（1）实景效果图

▶▶ 小便斗隔断（2）

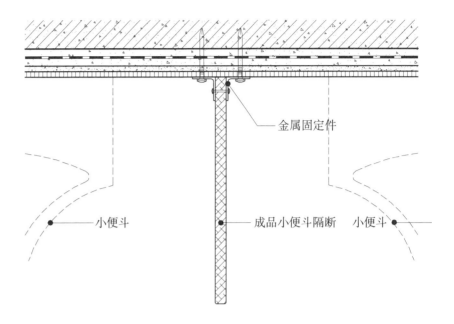

小便斗隔断（2）节点图

金属固定件

小便斗　　　　成品小便斗隔断　　小便斗

小便斗隔断（2）三维示意图

扫 / 码 / 观 / 看
"小便斗隔断（2）"三维
节点动图

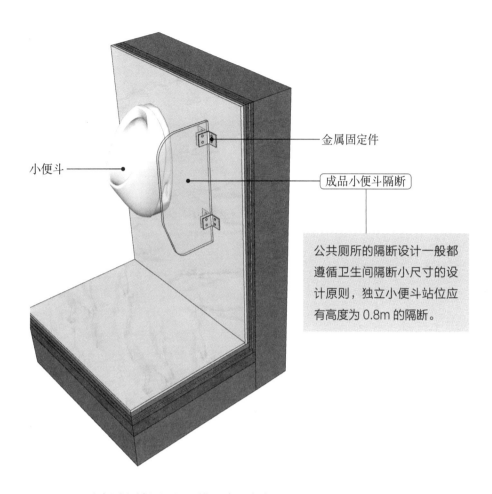

小便斗

金属固定件

成品小便斗隔断

公共厕所的隔断设计一般都遵循卫生间隔断小尺寸的设计原则，独立小便斗站位应有高度为0.8m的隔断。

小便斗隔断（2）三维示意图解析

工艺解析

玻璃的成品小便斗隔断安装距地高度 40cm，
隔断两侧分别通过镀锌的金属固定件进行固定。

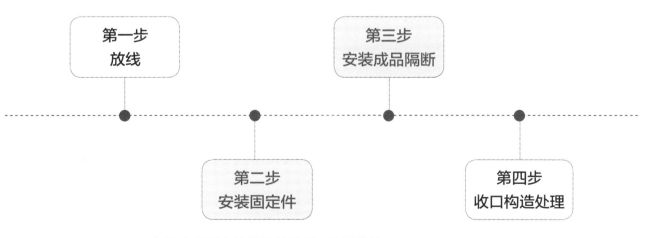

第一步
放线

第三步
安装成品隔断

第二步
安装固定件

第四步
收口构造处理

角钢金属固定件做镀锌处理，按放线位
置将固定件通过膨胀螺栓固定在砖石墙面上。

成品玻璃小便斗隔断具有更好的采光效果，其可
重复利用、批量生产等特点明显优于其他材料的
隔断。而且除了玻璃外还有更多材质可供选择。

小便斗隔断（2）实景效果图

6.2
玻璃隔断与地面相接

▶▶ **玻璃隔断与地面相接（1）**

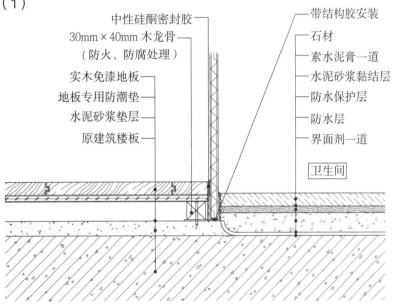

玻璃隔断与地面相接（1）节点图

中性硅酮密封胶
30mm×40mm 木龙骨
（防火、防腐处理）
实木免漆地板
地板专用防潮垫
水泥砂浆垫层
原建筑楼板

带结构胶安装
石材
素水泥膏一道
水泥砂浆黏结层
防水保护层
防水层
界面剂一道
卫生间

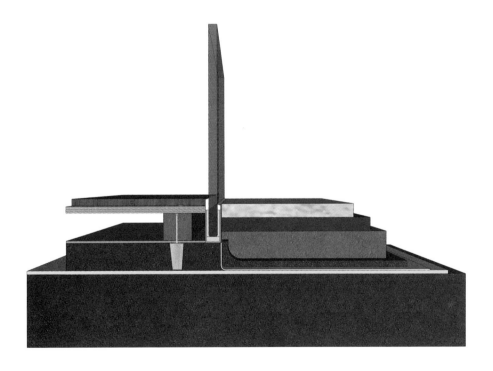

玻璃隔断与地面相接（1）三维示意图

扫 / 码 / 观 / 看
"玻璃隔断与地面相接
（1）"三维节点动图

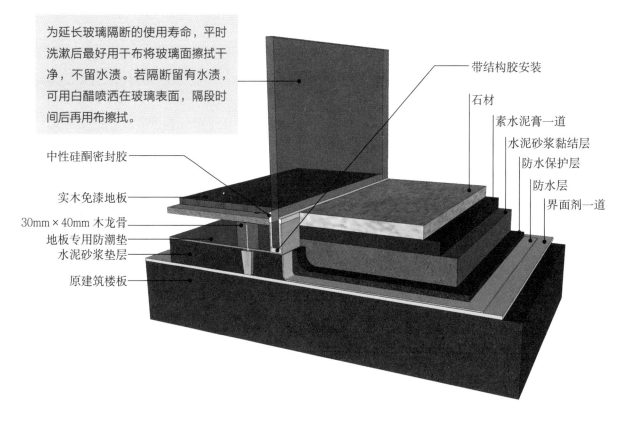

为延长玻璃隔断的使用寿命，平时洗漱后最好用干布将玻璃面擦拭干净，不留水渍。若隔断留有水渍，可用白醋喷洒在玻璃表面，隔段时间后再用布擦拭。

带结构胶安装

石材
素水泥膏一道
水泥砂浆黏结层
防水保护层
防水层
界面剂一道

中性硅酮密封胶

实木免漆地板
30mm×40mm 木龙骨
地板专用防潮垫
水泥砂浆垫层
原建筑楼板

玻璃隔断与地面相接（1）三维示意图解析

/ 卫生间滑动玻璃隔断的选购技巧 /

① 材质

普通型材容易变形褪色，表面处理也较差，故需选择结实美观、质量良好的型材。

② 轮滑

品质优秀的轮滑，材料与轮座的密封性都较好，水汽不易侵入滑轮，可以保证它的顺滑性。轮滑和导轨的连接要紧密，缝隙要小，避免受撞击时轮滑与导轨脱落。

③ 配件

滑动玻璃隔断有许多配件对质量有重要的作用，例如好的折叠隔断门的自负载合页，确保用户能够轻松地将隔断门打开。

④ 色彩

隔断的色彩图案应该与卫生间的装饰风格协调一致。许多用户倾向外观有图案的半透明玻璃隔断，有着较强的装饰性，传统的不透明隔断则具有更大的隐私性。

⑤ 正规

购买玻璃隔断时需看清产品是否标有商品合格证等，选择正规产品，质量有保证。

工艺解析

第一步：基层处理

在隔断内即卫生间的原建筑楼板上刷界面剂一道，做防水层至玻璃隔断下口挡水坎处，再做防水保护层，隔断外地板铺贴处先用水泥砂浆做垫层。

第二步：铺贴防潮垫

铺贴地板专用防潮垫，用螺丝将经防火、防腐处理的 30mm×40mm 的木龙骨与垫层及防潮垫进行固定。

第三步：铺贴石材

在防水保护层上方刷 20mm 厚 1：3 干硬性水泥砂浆作为黏结层，石材背面刮素水泥膏一道，按编号将石材铺贴在卫生间地面上，需注意石材铺贴时的坡度要求。

第四步：铺贴木地板

检查实木免漆地板色差，按深、浅颜色分开，尽量规避色差，先预铺分选。色差太严重的考虑退回厂家。从左向右铺装地板，试铺时测量出第一排尾端所需的地板长度，预留 8mm~12mm 后，锯掉多余的部分。

第五步：安装隔断

玻璃 U 形金属槽在防水施工前固定于玻璃安装处，将木垫条带结构胶安装在金属槽内，玻璃隔断竖直地插入金属槽内，用中性硅酮密封胶将隔断与石材、地板之间的缝隙进行密封固定。

第六步：完成面处理

所有饰材表面的水泥渍、污痕等应及时用清水及棉布处理。对于已完成施工面上较厚的水泥层，可先用生物水泥清洗剂喷洒，待水泥软化后，再用清水冲洗或用布擦拭。

结构胶和中性硅酮密封胶固定玻璃隔断，没有铝框，让隔断整体更加干净、通透。卫生间与淋浴间的玻璃隔断有较多的选择，如可以选择透明玻璃、磨砂玻璃、烤漆玻璃、镜面玻璃等。

玻璃隔断与地面相接（1）实景效果图

▶▶ **玻璃隔断与地面相接（2）**

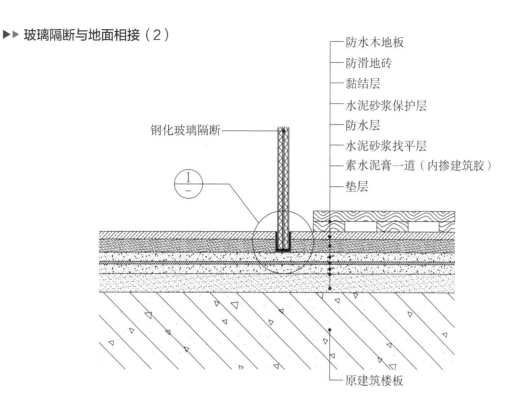

钢化玻璃隔断

防水木地板
防滑地砖
黏结层
水泥砂浆保护层
防水层
水泥砂浆找平层
素水泥膏一道（内掺建筑胶）
垫层

原建筑楼板

玻璃隔断与地面相接（2）立面图

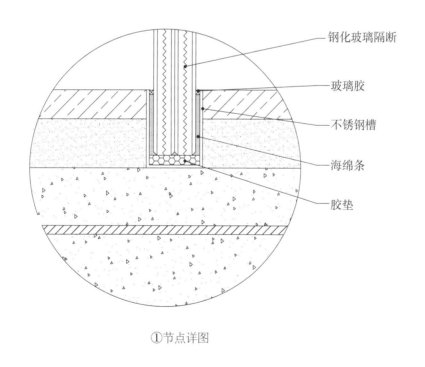

钢化玻璃隔断

玻璃胶

不锈钢槽

海绵条

胶垫

①节点详图

玻璃隔断与地面相接（2）节点图

玻璃隔断与地面相接（2）三维示意图

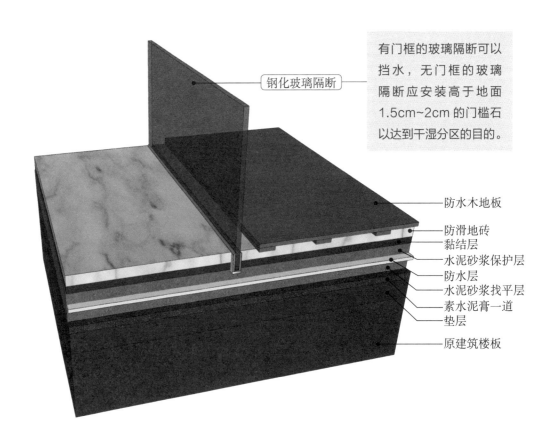

有门框的玻璃隔断可以挡水，无门框的玻璃隔断应安装高于地面1.5cm~2cm 的门槛石以达到干湿分区的目的。

钢化玻璃隔断

防水木地板
防滑地砖
黏结层
水泥砂浆保护层
防水层
水泥砂浆找平层
素水泥膏一道
垫层
原建筑楼板

玻璃隔断与地面相接（2）三维示意图解析

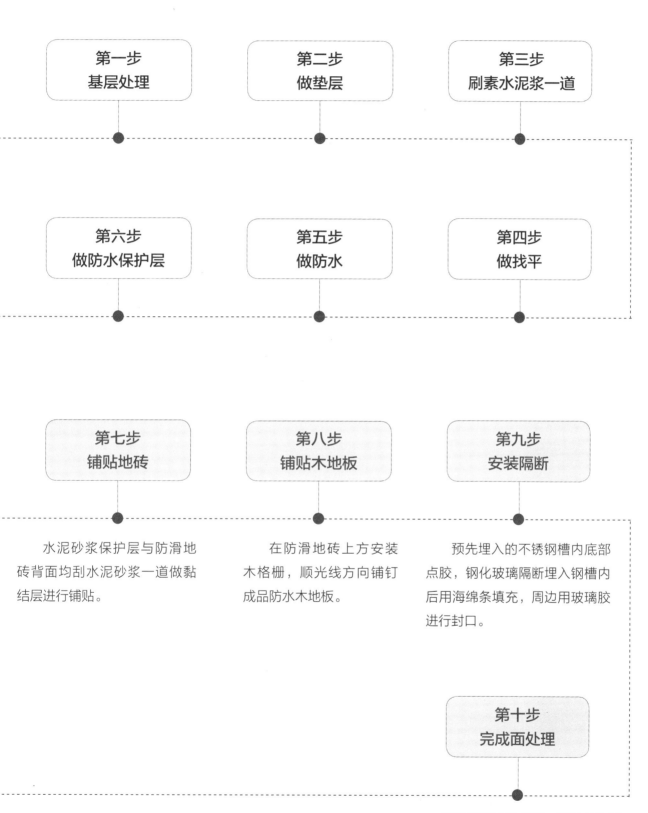

工艺解析

| 第一步 基层处理 | 第二步 做垫层 | 第三步 刷素水泥浆一道 |

| 第六步 做防水保护层 | 第五步 做防水 | 第四步 做找平 |

| 第七步 铺贴地砖 | 第八步 铺贴木地板 | 第九步 安装隔断 |

水泥砂浆保护层与防滑地砖背面均刮水泥砂浆一道做黏结层进行铺贴。

在防滑地砖上方安装木格栅，顺光线方向铺钉成品防水木地板。

预先埋入的不锈钢槽内底部点胶，钢化玻璃隔断埋入钢槽内后用海绵条填充，周边用玻璃胶进行封口。

第十步 完成面处理

玻璃隔断安装好后，用棉纱和清洁剂来清理玻璃面上的胶痕和污渍。

不锈钢槽暗藏在地面内部，外露处只有玻璃，玻璃胶做美缝，同时还能避免水渗入地面。选择透明玻璃作玻璃隔断，不仅可以使卫生间的空间显得明亮宽敞，还避免了小空间分割产生的压抑感

玻璃隔断与地面相接（2）实景效果图

►► 玻璃隔断与地面相接（3）

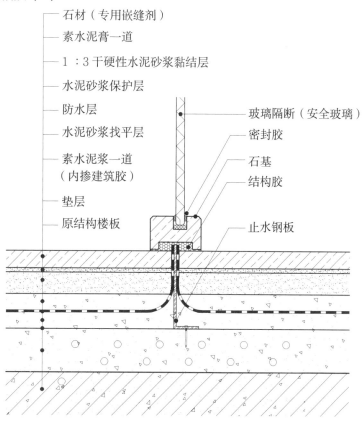

石材（专用嵌缝剂）
素水泥膏一道
1：3干硬性水泥砂浆黏结层
水泥砂浆保护层
防水层
水泥砂浆找平层
素水泥浆一道
（内掺建筑胶）
垫层
原结构楼板

玻璃隔断（安全玻璃）
密封胶
石基
结构胶
止水钢板

玻璃隔断与地面相接（3）节点图

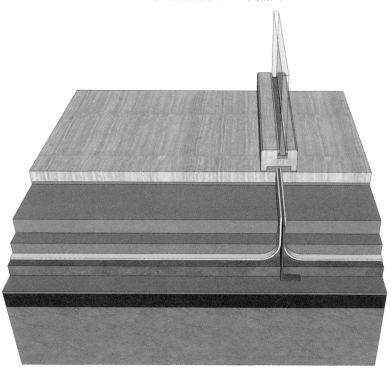

玻璃隔断与地面相接（3）三维示意图

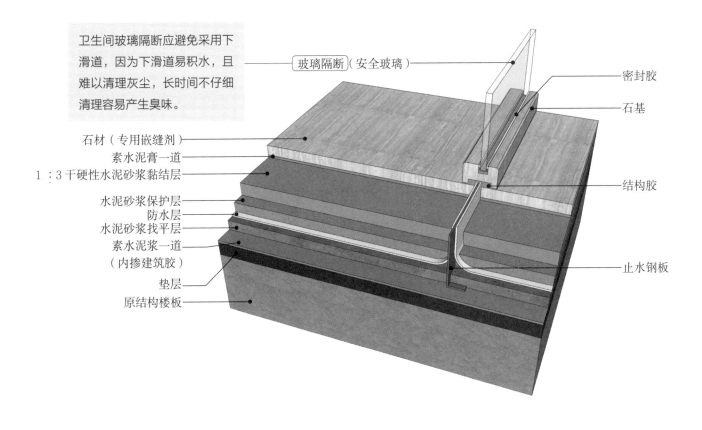

卫生间玻璃隔断应避免采用下滑道，因为下滑道易积水，且难以清理灰尘，长时间不仔细清理容易产生臭味。

玻璃隔断（安全玻璃）

密封胶

石基

石材（专用嵌缝剂）
素水泥膏一道
1：3干硬性水泥砂浆黏结层

结构胶

水泥砂浆保护层
防水层
水泥砂浆找平层
素水泥浆一道
（内掺建筑胶）
垫层
原结构楼板

止水钢板

玻璃隔断与地面相接（3）三维示意图解析

工艺解析

在原结构楼板上做垫层再刷内掺建筑胶的素水泥浆一道，刮一道水泥砂浆进行找平。

石基上部凹口处垫胶垫，插入玻璃隔断并调整好玻璃的位置后用密封胶进行封口。

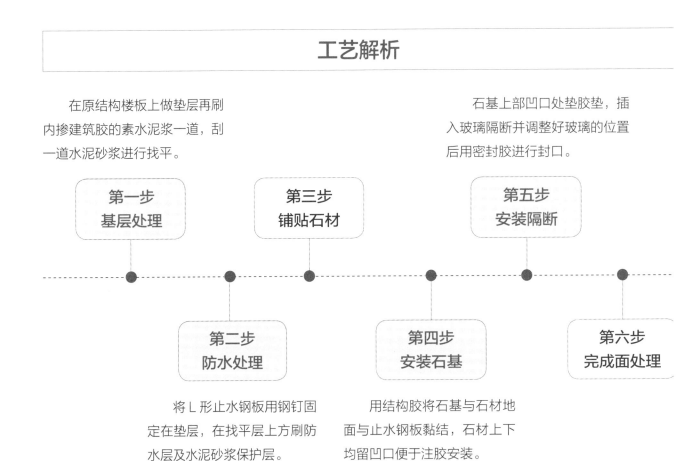

第一步
基层处理

第三步
铺贴石材

第五步
安装隔断

第二步
防水处理

第四步
安装石基

第六步
完成面处理

将L形止水钢板用钢钉固定在垫层，在找平层上方刷防水层及水泥砂浆保护层。

用结构胶将石基与石材地面与止水钢板黏结，石材上下均留凹口便于注胶安装。

玻璃隔断与地面相接（3）实景效果图

卫生间采用玻璃隔断好处很多，但玻璃本身却较为脆弱，若购买到质量不好的玻璃，长时间使用会使玻璃碎裂、损坏，不利于安全。

6.3
玻璃隔断与顶棚相接

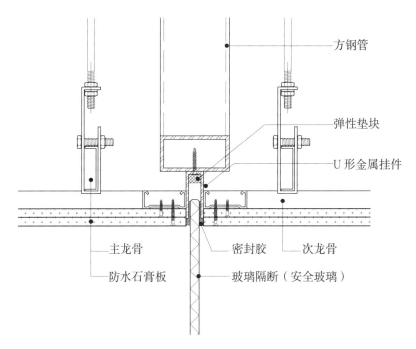

方钢管

弹性垫块

U 形金属挂件

主龙骨   密封胶   次龙骨

防水石膏板   玻璃隔断（安全玻璃）

玻璃隔断与顶棚相接节点图

扫 / 码 / 观 / 看
"玻璃隔断与顶棚相接"
三维节点动图

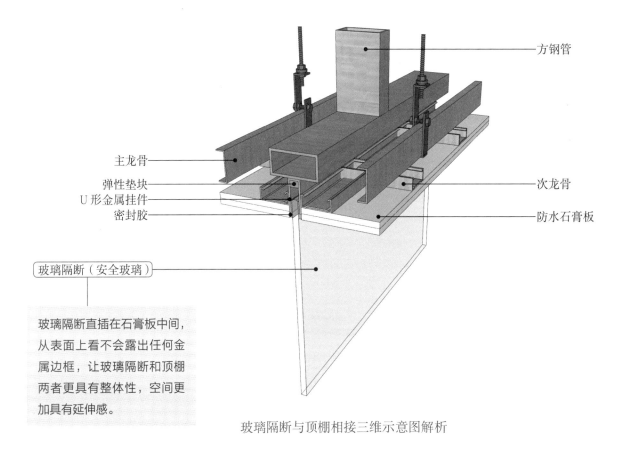

方钢管

主龙骨

弹性垫块
U 形金属挂件
密封胶

次龙骨

防水石膏板

玻璃隔断（安全玻璃）

玻璃隔断直插在石膏板中间，
从表面上看不会露出任何金
属边框，让玻璃隔断和顶棚
两者更具有整体性，空间更
加具有延伸感。

玻璃隔断与顶棚相接三维示意图解析

工艺解析

第一步：弹线

根据室内四周墙面，弹好水平控制线，要求弹线清晰、准确，误差应不大于 2mm，并在顶棚上弹出吊件的位置。

第二步：固定吊杆

使用 1mm×8mm 膨胀螺栓固定吊杆，在弹好的顶棚标高水平线或者是龙骨分档线后，要确定好吊杆下头的标高，吊杆不要和专业的管道进行接触。

第三步：安装龙骨

同时在划分好主、次龙骨的顶棚标高线上划分龙骨分档线。为了保证整个骨架的稳定性，用膨胀螺栓进行固定。

第四步：固定方钢管

在预计固定玻璃隔断的上方固定方钢管。

第五步：安装 U 形金属挂件

用自攻螺丝将 U 形金属挂件和方钢管进行固定。

第六步：固定弹性垫块

弹性垫块具有防震功能，能够将力扩散到旁边，避免玻璃在震动下轻易破碎。

第七步：封板

对石膏板分块弹线、切割，再使用纸面石膏板进行封板。

第八步：安装玻璃隔断

用密封胶将玻璃隔断与 U 形金属挂件固定在一起。

玻璃隔断虽然可以和顶棚做无框衔接，但是在推拉门处最好还是加上铝边框，让淋浴间的门开关更加顺畅。

玻璃隔断与顶棚相接实景效果图

6.4
玻璃隔断与墙面相接

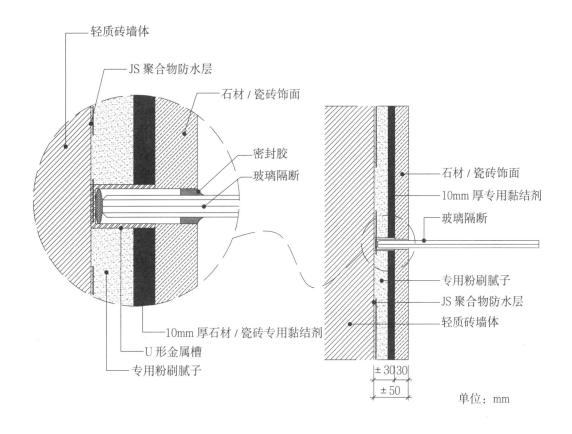

轻质砖墙体

JS 聚合物防水层

石材 / 瓷砖饰面

密封胶

玻璃隔断

石材 / 瓷砖饰面

10mm 厚专用黏结剂

玻璃隔断

专用粉刷腻子

JS 聚合物防水层

轻质砖墙体

10mm 厚石材 / 瓷砖专用黏结剂

U 形金属槽

专用粉刷腻子

±30 30
±50

单位：mm

玻璃隔断与墙面相接节点图

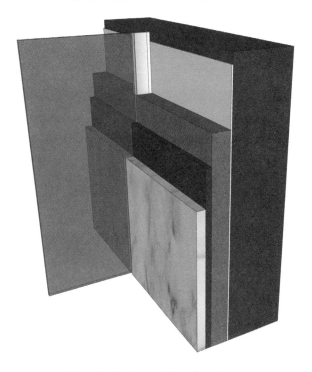

扫 / 码 / 观 / 看
"玻璃隔断与墙面相接"
三维节点动图

玻璃隔断与墙面相接三维示意图

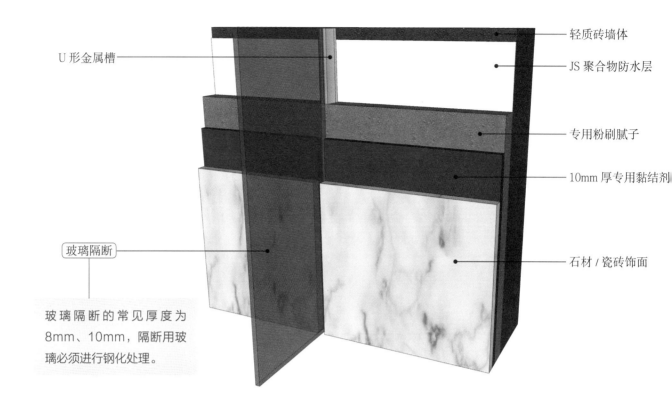

U 形金属槽

轻质砖墙体

JS 聚合物防水层

专用粉刷腻子

10mm 厚专用黏结剂

玻璃隔断

石材 / 瓷砖饰面

玻璃隔断的常见厚度为 8mm、10mm，隔断用玻璃必须进行钢化处理。

玻璃隔断与墙面相接三维示意图解析

工艺解析

在墙体上刷 JS 聚合物防水层，U 形金属槽与墙面固定，刮专用粉刷腻子。

在金属槽底垫胶垫，玻璃隔断插入金属槽内并确定位置正确后用密封胶进行封口。

第一步
基层处理

第三步
安装隔断

第二步
铺贴饰面材料

第四步
完成面处理

在腻子面上刷 10mm 石材或瓷砖专用的黏结剂，用一定的压力将饰面材料（石材或瓷砖）固定在墙面。

用磨砂玻璃来分割空间，可以减少沉闷感，同时还能保证私密性。

玻璃隔断与墙面相接实景效果图

6.5
顶棚滑轨

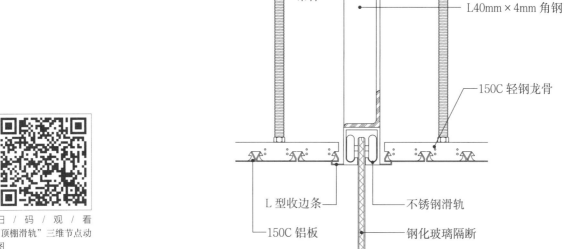

ϕ8mm
吊杆

L40mm×4mm 角钢

150C 轻钢龙骨

L 型收边条

不锈钢滑轨

150C 铝板

钢化玻璃隔断

顶棚滑轨节点图

顶棚的滑轨主要用于淋浴间
或卫生间需要推拉门的情况，
让门的活动更加顺畅。

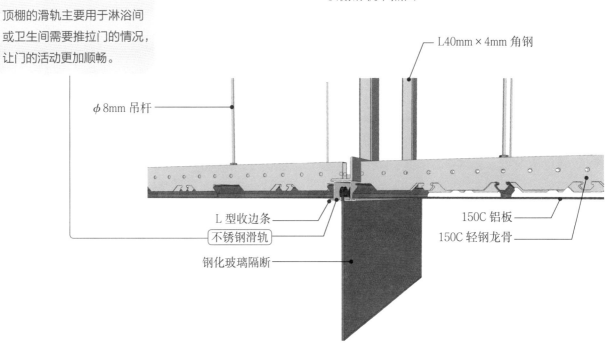

L40mm×4mm 角钢

ϕ8mm 吊杆

L 型收边条

不锈钢滑轨

150C 铝板

150C 轻钢龙骨

钢化玻璃隔断

顶棚滑轨三维示意图解析

工艺解析

第一步：弹线

在安装滑轨之前要确定好滑轨的尺寸，确保轨道盒的尺寸在 120mm×90mm。根据轨道盒的尺寸和位置在顶棚的对应位置上弹线。

第二步：固定吊杆

确定好滑轨两侧的顶棚材料，用膨胀螺栓将吊杆固定在顶棚上，并在标记的轨道盒位置线固定好角钢，方便轨道盒的安装。

第三步：安装主龙骨

用 ϕ8mm 吊杆和配件固定 D50 的主龙骨，主龙骨与混凝土板的间距为 900mm。

第四步：安装次龙骨

依次固定 D50 的次龙骨。

第五步：固定轨道盒

将轨道盒用自攻螺丝将其与角钢相固定。

第六步：安装饰面材料

根据图纸中滑轨两侧的顶棚材料，将矿棉板、铝板或其他材料用自攻螺丝与龙骨相固定。

第七步：安装滑轨

第八步：安装玻璃隔断

滑轨会让玻璃隔断周围一圈都带有铝材边框，会显得空间有点死板，且空间的分割会过于明确，从视觉上显得空间更加狭小。但是滑轨是推拉门必备的配件，可在卫生间空间较大的情况下选择推拉门。

顶棚滑轨实景效果图

6.6
地面滑轨

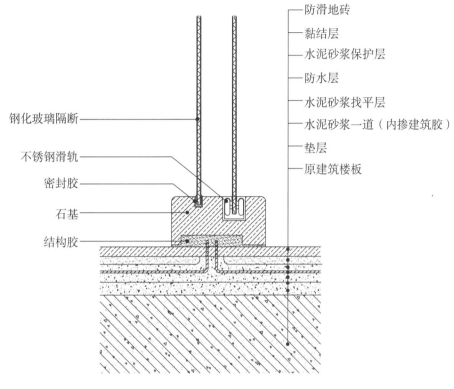

钢化玻璃隔断

不锈钢滑轨
密封胶
石基
结构胶

防滑地砖
黏结层
水泥砂浆保护层
防水层
水泥砂浆找平层
水泥砂浆一道（内掺建筑胶）
垫层
原建筑楼板

地面滑轨节点图

地面滑轨三维示意图

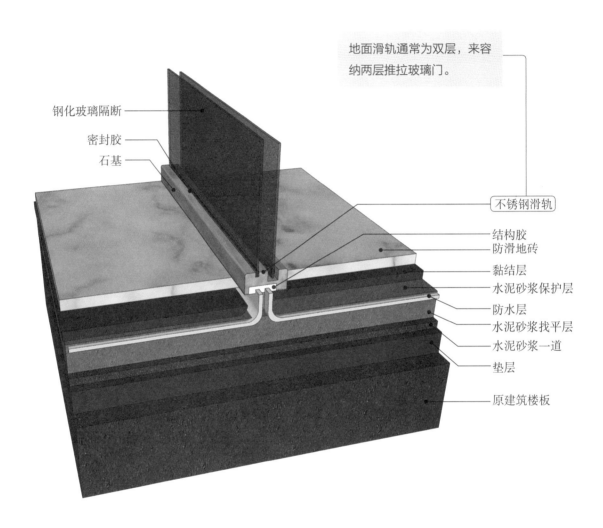

地面滑轨通常为双层，来容纳两层推拉玻璃门。

钢化玻璃隔断

密封胶

石基

不锈钢滑轨

结构胶

防滑地砖

黏结层

水泥砂浆保护层

防水层

水泥砂浆找平层

水泥砂浆一道

垫层

原建筑楼板

地面滑轨三维示意图解析

工艺解析

第一步：基层清理

一般毛坯地面上会有凸起的地方，需要将其打磨掉。一般需要用到打磨机，采用旋转平磨的方式将凸块磨平。

第二步：做垫层

使用 CL7.5 轻集料混凝土（即强度为 7.5 的结构保温轻骨料混凝土）做垫层。

第三步：素水泥浆一道

在素水泥浆中掺建筑胶，可以封闭基层，避免气泡的产生，同时还具有一定的黏合作用。

第四步：做找平

按照 1：3 比例将水泥和砂进行配比，用其合成的水泥砂浆做 30mm 厚的面层，用来做地面的找平，同时还能加高卫生间内的高度，方便内部形成一定的斜度，让下水更加通畅。

第五步：做防水

防水层需涂刷 2~3 遍，否则应增设玻纤布，且每遍涂刷的固化物厚度不得低于 1mm，并应在其完全干燥后（约 5~8 小时），再进行下一施工。

第六步：做防水保护层

在涂料防水层的基础上做水泥砂浆保护层，防止工人在做其他工序的时候来回踩踏防水层，导致防水层被过度摩擦而产生穿洞。

第七步：做黏结层

用水泥砂浆做黏结层，代替黏结剂，起到黏合的作用。

第八步：铺贴地砖

铺贴时，必须要用橡皮锤轻轻敲击，手法是从中间到四边，再从四边到中间，反复数次，使地砖与砂浆黏结紧密，并要随时调整平整度和缝隙。

第九步：弹线

在安装滑轨之前要确定好滑轨的尺寸，根据尺寸和位置在地面的对应位置上弹线。

第十步：固定石基

将石基用结构胶固定在地砖上。

第十一步：安装滑轨

滑轨在石基的凹槽内安装平整。

第十二步：安装玻璃

将两块玻璃用密封胶分别与凹槽和滑轨进行固定，即可安装完毕。

第十三步：检查

检查玻璃的安装是否稳固，可以通过推拉的行为来观察玻璃的移动是否顺畅和灵活。

地面滑轨实景效果图

推拉门可以做到顶的，与顶棚连接，也可以做图中这样不到顶的方式。不到顶的玻璃推拉门是通过门框来固定的，门框会框住整个玻璃推拉门，且地面滑轨会让地面产生门槛，使用时需要注意，小心绊倒。

7

不同洁具处节点

洁具指的是在卫生间、厨房应用的清洁用具，是家居生活中人们使用频率最高的用具，它们与人们在居住空间内的生活质量息息相关，是日常生活中必不可少的一类用具。

本章依据洗脸盆、浴缸、淋浴花洒、小便斗、坐便器、蹲便器的安装顺序，依次对洁具的施工工艺进行说明。同时，为统一卫浴间的风格，不破坏美感，部分洁具给出了合理的尺寸以便参考。

7.1
洗脸盆

▶▶ 洗脸盆（台上盆）

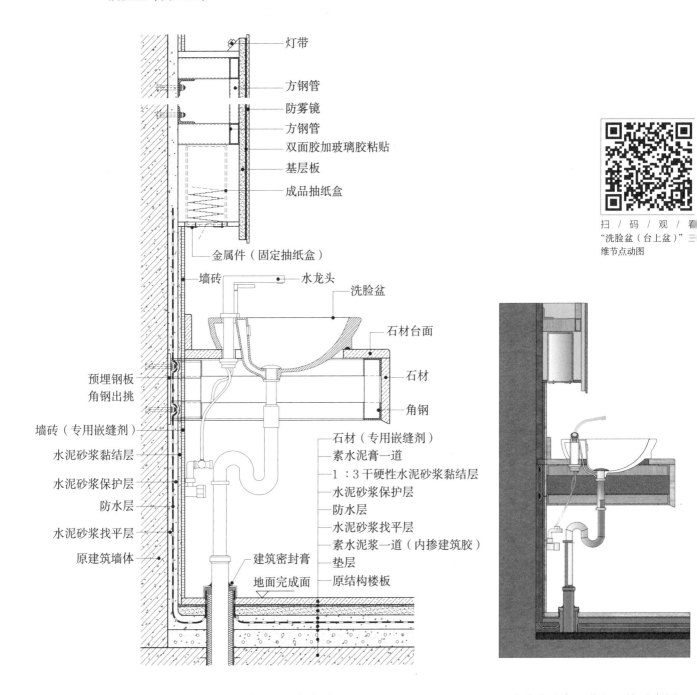

扫 / 码 / 观 / 看
"洗脸盆（台上盆）"三
维节点动图

洗脸盆（台上盆）节点图　　　　　洗脸盆（台上盆）三维示意图

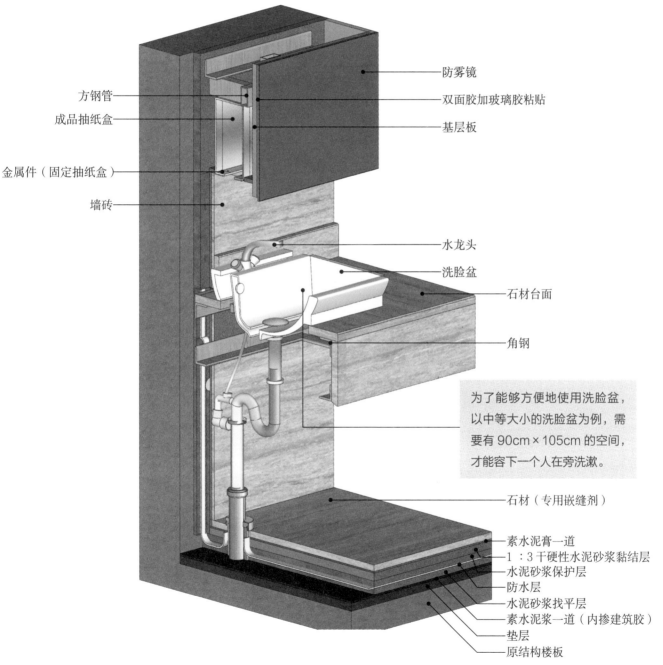

方钢管

成品抽纸盒

金属件（固定抽纸盒）

墙砖

防雾镜

双面胶加玻璃胶粘贴

基层板

水龙头

洗脸盆

石材台面

角钢

为了能够方便地使用洗脸盆，以中等大小的洗脸盆为例，需要有 90cm×105cm 的空间，才能容下一个人在旁洗漱。

石材（专用嵌缝剂）

素水泥膏一道

1 : 3 干硬性水泥砂浆黏结层

水泥砂浆保护层

防水层

水泥砂浆找平层

素水泥浆一道（内掺建筑胶）

垫层

原结构楼板

洗脸盆（台上盆）三维示意图解析

工艺解析

第一步：预埋钢板

在墙面上定位台盆的盆底和盆顶高度，根据高度在墙面上做角钢出挑，预埋钢板来固定洗脸盆。

第二步：固定角钢

根据设计图纸将台盆的骨架用角钢进行组合和固定。

第三步：测量

安装台上盆前，要先测量好台上盆的尺寸，再将尺寸标注在台面板上，然后沿着标注的尺寸切割台面材料，以便安装台上盆。

第四步：铺贴石材

在台盆的正面和顶面铺贴石材，做饰面材料。

第五步：安装落水器

将台上盆安放在柜台上，先试装落水器，使水能正常冲洗、流动，然后锁住、固定。

第六步：打胶

安装好落水器后，沿着台上盆的边缘涂抹玻璃胶，为安装台上盆作准备。

第七步：安装台上盆

涂抹玻璃胶后，将台上盆安放在柜台的面板上，然后摆正位置进行安装。

台上盆多以艺术盆的形式出现，体现个性，设计感较强，好的台上盆与同品牌的台下盆相比，价格稍高。

洗脸盆（台上盆）实景效果图

▶▶ 洗脸盆（台下盆）

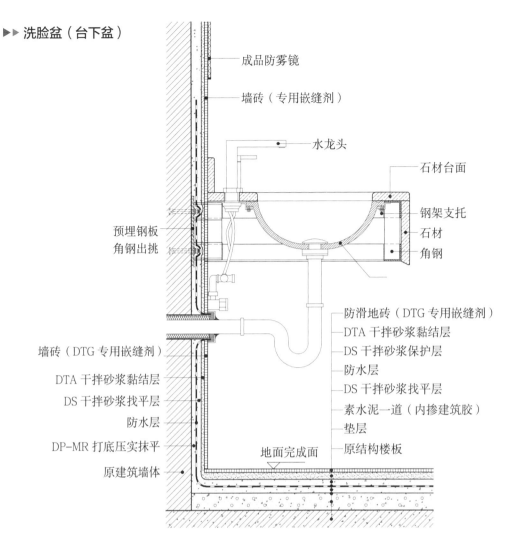

成品防雾镜

墙砖（专用嵌缝剂）

水龙头

石材台面

钢架支托

石材

角钢

预埋钢板
角钢出挑

墙砖（DTG 专用嵌缝剂）

DTA 干拌砂浆黏结层

DS 干拌砂浆找平层

防水层

DP-MR 打底压实抹平

原建筑墙体

防滑地砖（DTG 专用嵌缝剂）

DTA 干拌砂浆黏结层

DS 干拌砂浆保护层

防水层

DS 干拌砂浆找平层

素水泥一道（内掺建筑胶）

垫层

地面完成面

原结构楼板

洗脸盆（台下盆）节点图

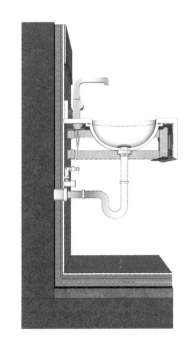

扫 / 码 / 观 / 看
"洗脸盆（台下盆）"三
维节点动图

洗脸盆（台下盆）三维示意图

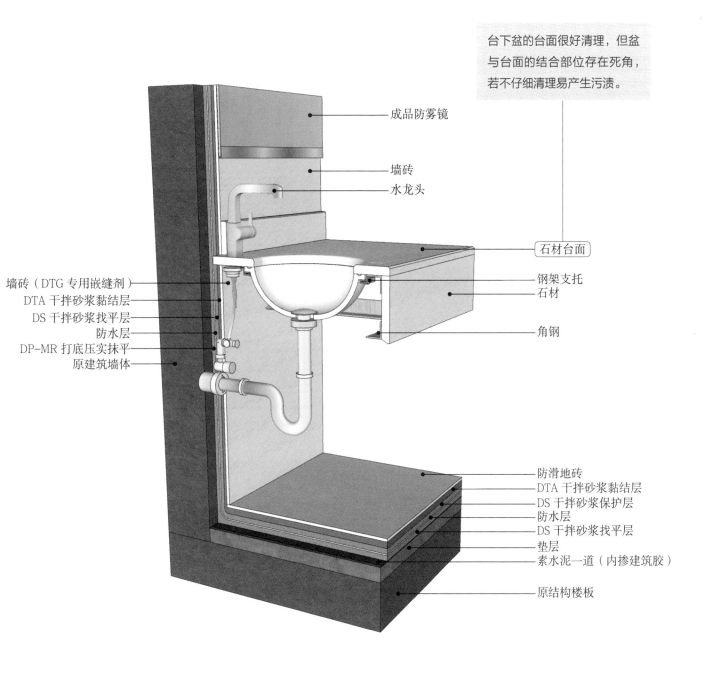

成品防雾镜

墙砖

水龙头

台下盆的台面很好清理，但盆与台面的结合部位存在死角，若不仔细清理易产生污渍。

石材台面

钢架支托

石材

角钢

墙砖（DTG 专用嵌缝剂）
DTA 干拌砂浆黏结层
DS 干拌砂浆找平层
防水层
DP-MR 打底压实抹平
原建筑墙体

防滑地砖
DTA 干拌砂浆黏结层
DS 干拌砂浆保护层
防水层
DS 干拌砂浆找平层
垫层
素水泥一道（内掺建筑胶）

原结构楼板

洗脸盆（台下盆）三维示意图解析

注：DS——地面、楼面、屋面的抹面砂浆、找平砂浆。

DTA——陶瓷砖胶黏剂。

DTG——陶瓷砖嵌缝剂。

DP——墙面抹灰砂浆，后加 -HR 为高保水性能，后加 -MR 为中保水性能，后加 -LR 为低保水性能。

工艺解析

第一步：预埋钢板

根据图纸确定台盆的高度弹线，根据弹线在墙面上做角钢出挑，预埋钢板来固定洗脸盆。

第二步：固定角钢

根据设计图纸将台盆的骨架用角钢进行组合和固定，在角钢需要与石材相接触的位置用 L 形的角钢进行二次加固。

第三步：水龙头接进水管

先把两条进水管接到冷、热水龙头的进水口处，如果是单控水龙头只需要接冷水管。

第四步：安装固定柱

安装固定柱，把水龙头固定柱穿到两条进水管上。

第五步：安装水龙头

再把冷、热水龙头安装到面盆上。

第六步：固定

把紧固件固定上，并把螺杆、螺母旋紧。

第七步：检查

安装完毕后检查。首先仔细查看出水口的方向，标准的水龙头出水是垂直向下的，如果发现水龙头有倾斜的现象，应及时调节、纠正。

第八步：测量

根据设计图纸的要求进行 1：1 放样，将台下盆的尺寸轮廓描绘在台面上，然后切割面盆的安装孔并进行打磨。

第九步：安装台下盆

用钢架支托托起台下盆，并与角钢进行固定，以此来加固台下盆。将面盆暂时放入已开好的台面安装口内，检查间隙，并做好相应的记号；然后在面盆边缘的上口涂抹硅胶密封材料；再将面盆小心地放入台面下并对准安装孔，与之前的记号相校准并向上压紧；最后使用连接件将面盆与台面紧密连接。

第十步：铺贴石材

第十一步：连接管件

等密封胶硬化后连接进水和排水管件。

台下盆美观简洁，较台上盆具有
更好的视觉效果，酒店、宾馆等
商业建筑中往往采用的是大理石
台面加台下盆

洗脸盆（台下盆）实景效果图

►► **洗脸盆（一体式）**

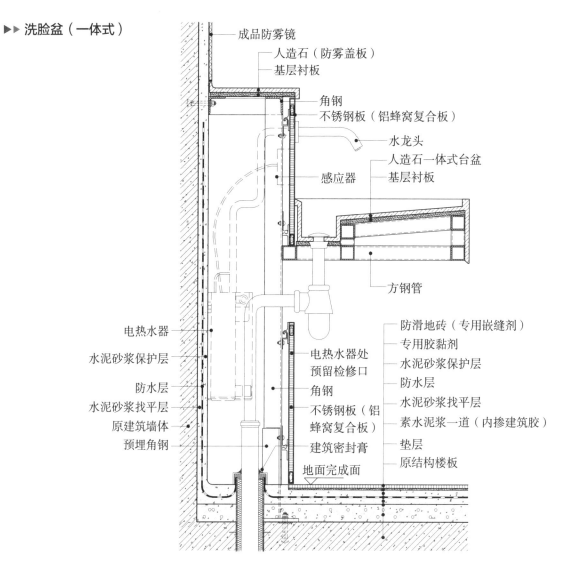

成品防雾镜
人造石（防雾盖板）
基层衬板
角钢
不锈钢板（铝蜂窝复合板）
水龙头
人造石一体式台盆
基层衬板
感应器
方钢管

电热水器
水泥砂浆保护层
防水层
水泥砂浆找平层
原建筑墙体
预埋角钢

电热水器处预留检修口
角钢
不锈钢板（铝蜂窝复合板）
建筑密封膏
地面完成面

防滑地砖（专用嵌缝剂）
专用胶黏剂
水泥砂浆保护层
防水层
水泥砂浆找平层
素水泥浆一道（内掺建筑胶）
垫层
原结构楼板

洗脸盆（一体式）节点图

扫／码／观／看
"洗脸盆（一体式）"三
维节点动图

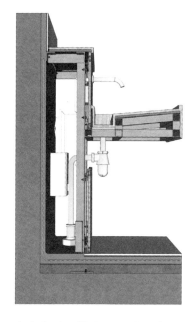

洗脸盆（一体式）三维示意图

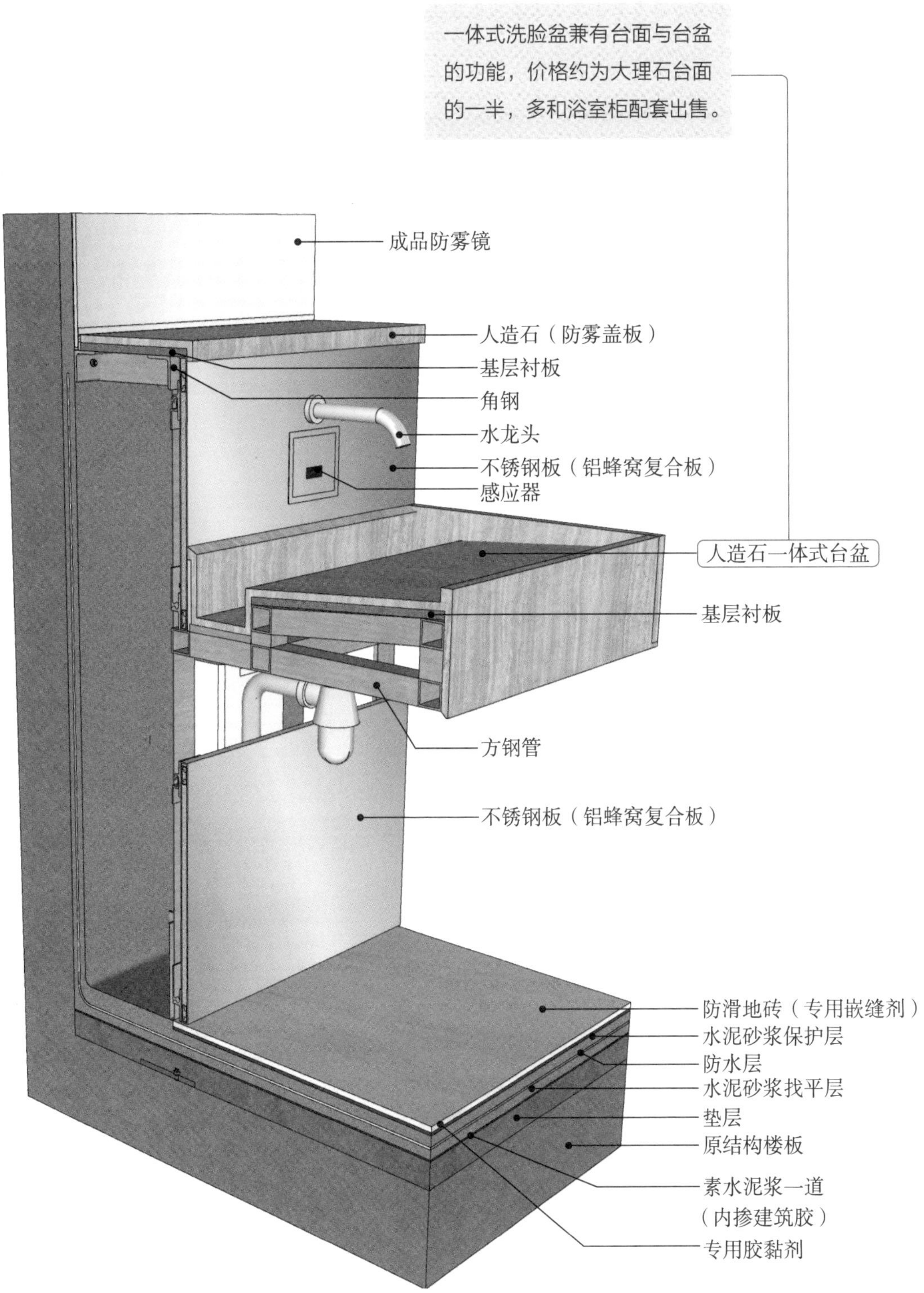

一体式洗脸盆兼有台面与台盆的功能，价格约为大理石台面的一半，多和浴室柜配套出售。

成品防雾镜

人造石（防雾盖板）

基层衬板

角钢

水龙头

不锈钢板（铝蜂窝复合板）

感应器

人造石一体式台盆

基层衬板

方钢管

不锈钢板（铝蜂窝复合板）

防滑地砖（专用嵌缝剂）

水泥砂浆保护层

防水层

水泥砂浆找平层

垫层

原结构楼板

素水泥浆一道（内掺建筑胶）

专用胶黏剂

洗脸盆（一体式）三维示意图解析

工艺解析

安装一体式洗脸盆前，测量好脸盆尺寸后，将尺寸标注在墙面上，方便后续面盆的安装。

排水管进入一体式洗脸盆突出墙面的预留空间，在合适位置埋入地下，与地面相接处用建筑密封膏进行密封。

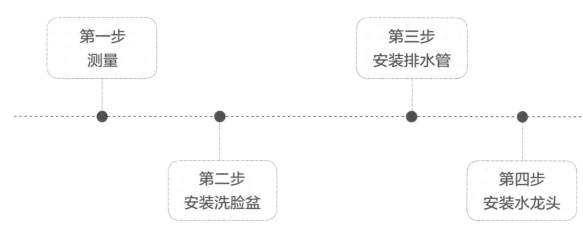

第一步
测量

第三步
安装排水管

第二步
安装洗脸盆

第四步
安装水龙头

将洗脸盆在墙面摆正位置，确认位置正确后用角钢及膨胀螺栓将脸盆固定在墙面上。

安装智能感应水龙头除安装水龙头本身外，还需在水龙头下方合适位置安装感应器。

一体的洗脸盆会让卫浴柜更加统一，也更加美观。洗脸盆最多采用陶瓷材质，因其价格实惠、工艺成熟且易于清洁。选购陶瓷洗脸盆时，除造型的选择外，还应选择釉面好的。

洗脸盆（一体式）实景效果图

▶▶ **洗脸盆（壁挂式）**

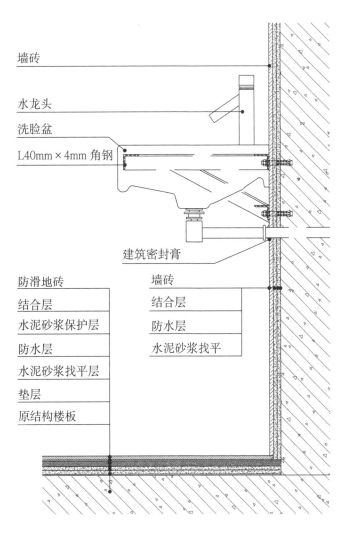

墙砖

水龙头

洗脸盆

L40mm×4mm 角钢

建筑密封膏

防滑地砖　　　　墙砖

结合层　　　　　结合层

水泥砂浆保护层　防水层

防水层　　　　　水泥砂浆找平

水泥砂浆找平层

垫层

原结构楼板

洗脸盆（壁挂式）节点图

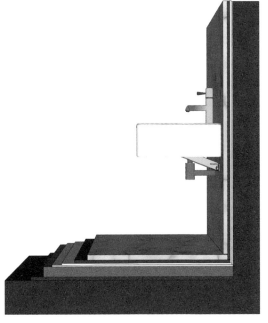

扫 / 码 / 观 / 看
"洗脸盆（壁挂式）"三
维节点动图

洗脸盆（壁挂式）三维示意图

壁挂式洗脸盆因排水管的外露美观性稍低，但是选好相应的水管构件也不会过多影响其美观度。但在安装洗脸盆前，应做好排水处理，方便日后的维修。

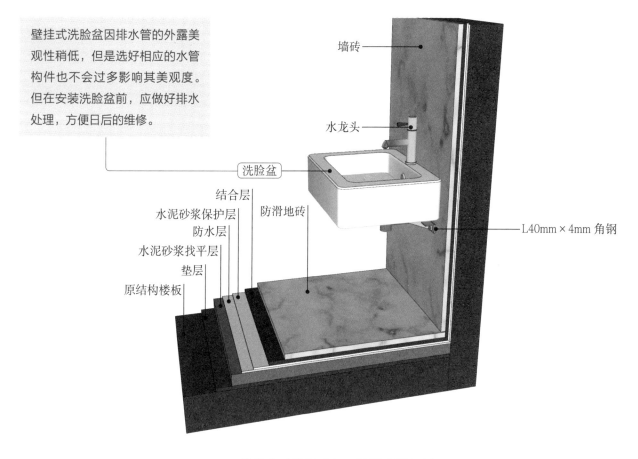

墙砖

水龙头

洗脸盆

结合层
水泥砂浆保护层
防水层
水泥砂浆找平层
垫层
原结构楼板

防滑地砖

L40mm×4mm 角钢

洗脸盆（壁挂式）三维示意图解析

工艺解析

将排水管埋入建筑墙体内，用建筑密封膏将建筑墙体与排水管相接处进行密封。排水管安装完成后再安装落水器。

第一步
测量

第三步
安装排水管

第二步
安装洗脸盆

与传统的洗脸盆相比，壁挂式洗脸盆更加具有轻盈感。同时，它的底部悬空，无卫生死角，清理十分方便。

洗脸盆（一体式）实景效果图

7.2
浴缸

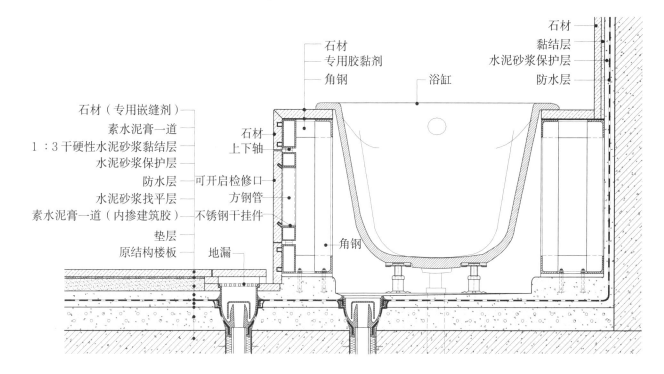

石材
专用胶黏剂
角钢
浴缸
石材
黏结层
水泥砂浆保护层
防水层

石材（专用嵌缝剂）
素水泥膏一道
1：3干硬性水泥砂浆黏结层
水泥砂浆保护层
防水层
水泥砂浆找平层
素水泥膏一道（内掺建筑胶）
垫层
原结构楼板

石材
上下轴
可开启检修口
方钢管
不锈钢干挂件
角钢
地漏

浴缸节点图

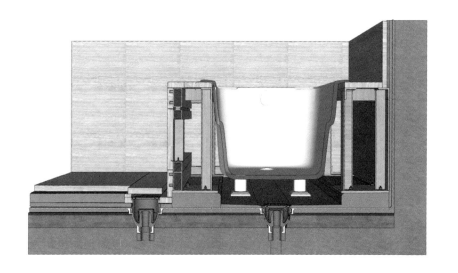

浴缸三维示意图

扫 / 码 / 观 / 看
"浴缸"三维节点动图

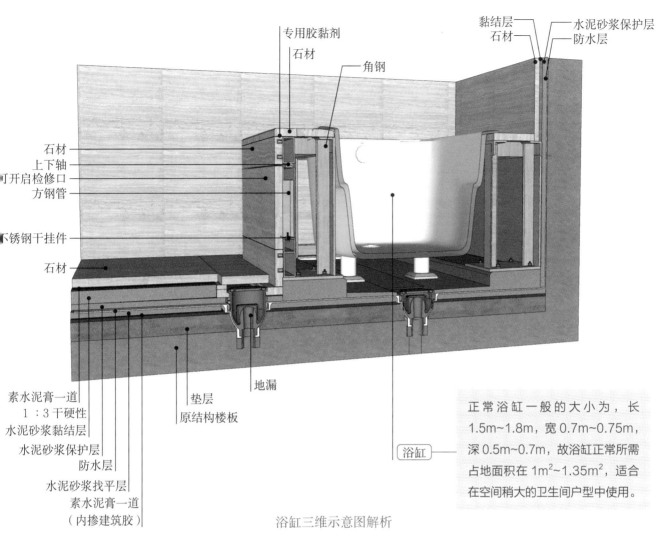

专用胶黏剂
石材
角钢
黏结层
石材
水泥砂浆保护层
防水层

石材
上下轴
可开启检修口
方钢管
不锈钢干挂件
石材

素水泥膏一道
1:3干硬性
水泥砂浆黏结层
水泥砂浆保护层
防水层
水泥砂浆找平层
素水泥膏一道
（内掺建筑胶）

垫层
原结构楼板

地漏

浴缸三维示意图解析

浴缸　正常浴缸一般的大小为，长1.5m~1.8m，宽0.7m~0.75m，深0.5m~0.7m，故浴缸正常所需占地面积在1m²~1.35m²，适合在空间稍大的卫生间户型中使用。

/ 浴缸种类 /

亚克力　特点：采用人造有机材料制造，特点是造型丰富，重量轻，表面光洁度好，而且价格低廉。但人造有机材料存在耐高温能力差、耐压能力差、不耐磨、表面易老化的缺点

铸铁　特点：采用铸铁制造，表面覆搪瓷，重量非常大，使用时不易产生噪声。经久耐用，注水噪声小，便于清洁。但是价格过高，分量沉重，安装与运输难

实木　特点：选用木质硬、密度大、防腐性能佳的材质，如云杉、橡木、松木、香柏木等，以香柏木的最为常见。保温性强，缸体较深，可充分浸润身体。价格较高，需保养维护，否则会变形漏水

钢板　特点：主要通过马达运动，使浴缸内壁喷头喷射出混入空气的水流，造成水流的循环，从而对人体产生按摩作用。具有健身治疗、缓解压力的作用

按摩浴缸　特点：比较传统的浴缸，具有耐磨、耐热、耐压等特点，重量介于铸铁浴缸与亚克力浴缸之间，保温效果低于铸铁缸，但使用寿命长，整体性价比较高

工艺解析

第一步：做垫层

第二步：做找平

第三步：防水处理

第四步：做防水保护层

　　按照设计图纸，浴缸砌筑面两侧的水泥砂浆保护层与卫生间的地面高度齐平，在需要放置浴缸的中间位置中则会稍低一些。

第五步：构建浴缸台面

　　在两侧的位置用角钢来做整体的结构，注意在外侧的位置可以做一个可开启的检修口，方便维修，检修口可用轴件、方钢管和不锈钢干挂件进行固定。

第六步：铺贴石材

第七步：测试水平度

　　将浴缸抬进浴室，放在下水的位置，用水平尺检查水平度。若不平，可通过浴缸下的几个底座来调整水平度，而且底座能够帮助调整浴缸的高度。

第八步：安装排水管

　　将浴缸上的排水管塞进排水口内，用密封胶填充多余的缝隙。

第九步：安装软管和阀门

　　将浴缸上面的软管与阀门按照说明书的示意连接起来，对接软管与墙面预留的冷、热水管的管路及角阀，然后用扳手拧紧。

第十步：固定浴缸

　　拧开控水角阀，检查有无漏水，安装水龙头，固定浴缸；然后测试浴缸的各项性能，如果没有问题，则将浴缸放到预装位置，与墙面靠紧。浴缸下方设置清扫口或选用自封型无水封地漏。

浴缸实景效果图

家中放置浴缸可以有效地提高生活的品质及情调，但清理起来较为麻烦，所以需要慎重考虑。

7.3
淋浴花洒

▶▶ **外装淋浴花洒**

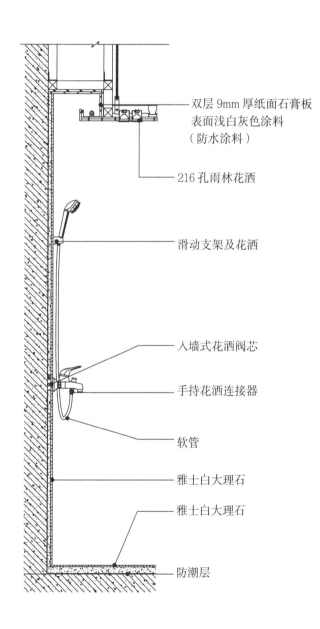

双层 9mm 厚纸面石膏板表面浅白灰色涂料（防水涂料）

216 孔雨林花洒

滑动支架及花洒

入墙式花洒阀芯

手持花洒连接器

软管

雅士白大理石

雅士白大理石

防潮层

外装淋浴花洒节点图

扫 / 码 / 观 / 看
"外装淋浴花洒"三维节点动图

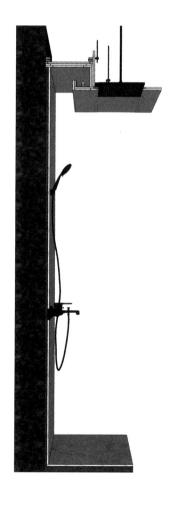

外装淋浴花洒三维示意图

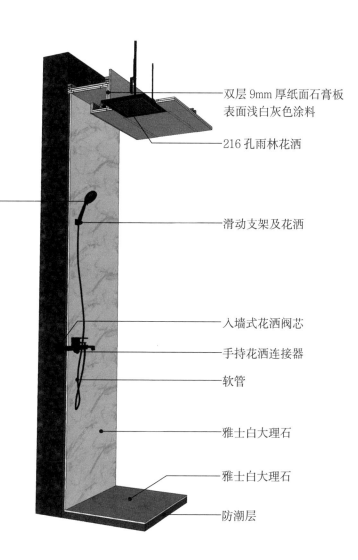

双层 9mm 厚纸面石膏板
表面浅白灰色涂料

216 孔雨林花洒

滑动支架及花洒

入墙式花洒阀芯

手持花洒连接器

软管

雅士白大理石

雅士白大理石

防潮层

安装花洒时，要注意将管道内杂物清除后再进行安装，否则将会导致花洒被管道杂物堵塞，从而影响使用。

外装淋浴花洒三维示意图解析

/ 花洒的选购 /

① 看出水量

出水方式直接影响洗浴的感觉，设计良好的花洒能保证每个喷孔分配的水量都基本相同，所以选择花洒首先要看出水量。节水功能是选购花洒时要考虑的重点，采用钢球阀芯并配以调节热水控制器的花洒比普通花洒节水50%。让花洒倾斜出水，如果最顶部的喷孔出水明显小或干脆没有，则说明花洒的内部设计有问题。

② 看镀层

一般来说，花洒表面越光亮细腻，镀层的工艺处理就越好。

③ 看阀芯

好的阀芯用硬度极高的陶瓷制成，顺滑、耐磨，杜绝跑冒滴漏。

工艺解析

第一步：施工前准备

关闭总阀门，将墙面上预留的冷、热进水管的堵头取下，打开阀门，放出水管内的污水。

第二步：安装阀门

用花洒阀芯固定入墙式切换面板组件，花洒控制水流大小及水温的阀门安装穿墙面石材与水管连接。

第三步：安装滑动支架

使滑动支架直立，保持垂直，将支架的墙面固定件放在连接杆上方的适合位置，用铅笔标注出安装位置，并在墙上的标记处用冲击钻打孔安装。

第四步：安装连接器

将连接器上的孔与墙面打的孔对齐固定，与阀门通过石材饰面内的水管连接。

第五步：安装喷淋头

在手持花洒连接器底部的管口缠上生料带，用软管将喷淋头与连接器底部管口连接。

花洒的价格便宜，安装简便，清洁便捷，且节省空间，适合不同大小的淋浴间。

外装淋浴花洒实景效果图

▶▶ 嵌入式顶花洒

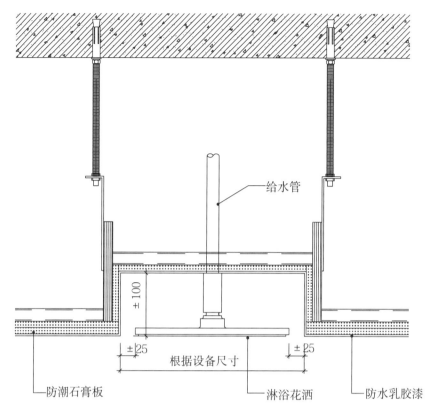

给水管

±100

±25　根据设备尺寸　±25

防潮石膏板　　　淋浴花洒　　　防水乳胶漆

单位：mm

嵌入式顶花洒节点图

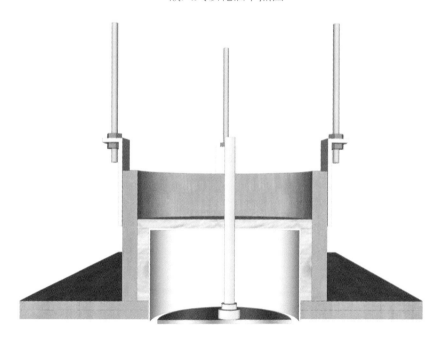

嵌入式顶花洒三维示意图

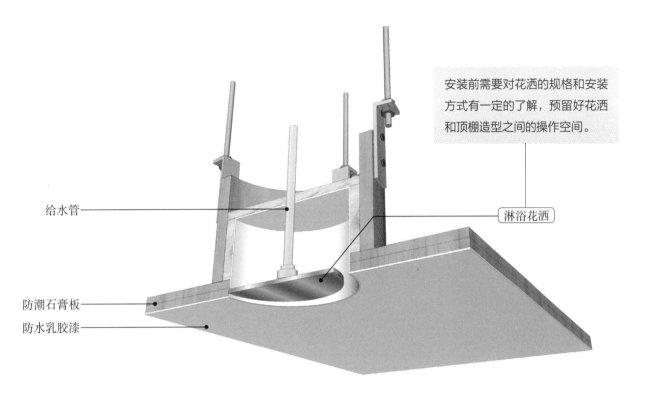

给水管

安装前需要对花洒的规格和安装方式有一定的了解，预留好花洒和顶棚造型之间的操作空间。

淋浴花洒

防潮石膏板

防水乳胶漆

嵌入式顶花洒三维示意图解析

工艺解析

在石膏板上根据给水管的位置和大小进行切割，保证水管的顺直，在石膏板表面涂刷防水涂料。

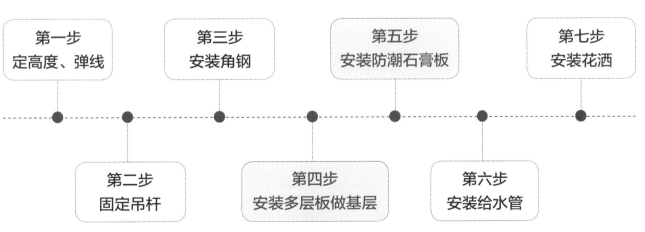

| 第一步
定高度、弹线 | 第三步
安装角钢 | 第五步
安装防潮石膏板 | 第七步
安装花洒 |

| 第二步
固定吊杆 | 第四步
安装多层板做基层 | 第六步
安装给水管 |

9mm 厚多层板在涂刷防水涂料三遍后用自攻螺丝将其与龙骨进行固定。

嵌入式顶花洒安装前需要提前把水管位置安排好，再进行封顶。嵌入式的形式将很多水管都隐藏在墙壁、顶棚中，让浴室更加整齐、有序。

嵌入式顶花洒的实景效果图

7.4
小便斗

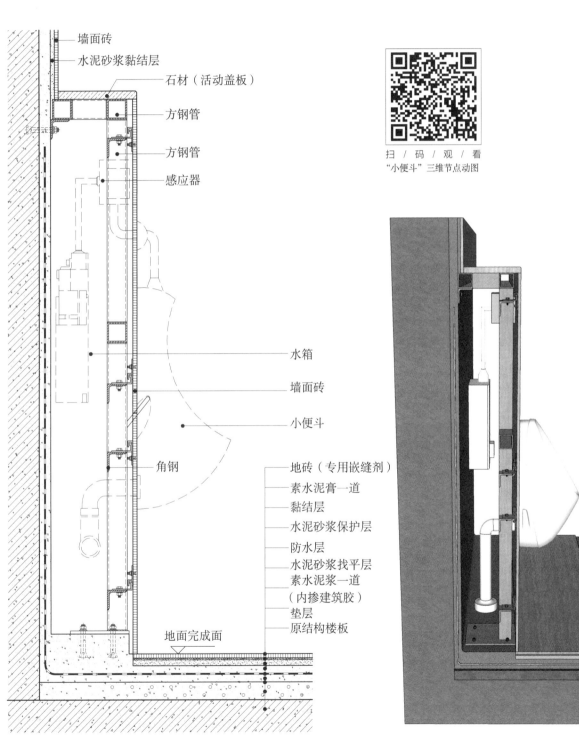

墙面砖
水泥砂浆黏结层
石材（活动盖板）
方钢管
方钢管
感应器

水箱
墙面砖
小便斗

角钢

地砖（专用嵌缝剂）
素水泥膏一道
黏结层
水泥砂浆保护层
防水层
水泥砂浆找平层
素水泥浆一道
（内掺建筑胶）
垫层
原结构楼板

地面完成面

小便斗节点图

扫 / 码 / 观 / 看
"小便斗"三维节点动图

小便斗三维示意图

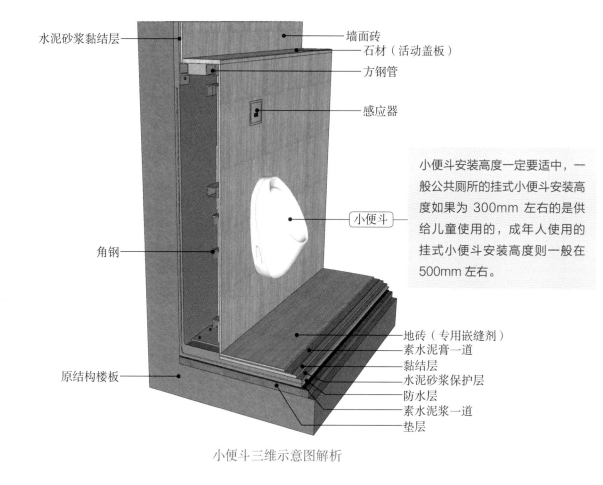

水泥砂浆黏结层

墙面砖
石材（活动盖板）
方钢管
感应器

小便斗

角钢

小便斗安装高度一定要适中，一般公共厕所的挂式小便斗安装高度如果为 300mm 左右的是供给儿童使用的，成年人使用的挂式小便斗安装高度则一般在 500mm 左右。

地砖（专用嵌缝剂）
素水泥膏一道
黏结层
水泥砂浆保护层
防水层
素水泥浆一道
垫层

原结构楼板

小便斗三维示意图解析

/ 小便斗的选购技巧 /

① 规格

用冲洗阀的小便斗进水口中心至完成墙的距离应不小于 60mm，任何部位的坯体厚度应不小于 6mm 水封深度，所有带整体存水弯卫生陶瓷的水封深度不得小于 50mm。

② 是否易清洗

仔细观察小便斗表面是否具有光泽感，用手触摸小便斗表面，应光洁、平滑、色泽晶莹，无明显针眼、缺釉及裂缝。轻击小便斗表面，声音应清脆悦耳，无破裂声，外观无变形等。

③ 憎水性

选择陶瓷表面实施银系纳米级抗污防菌技术的小便斗，使其表面密度和光洁度达到较高的水平，陶瓷表面吸水度 <0.025，从而更好地使尿液不易滞留，清除异味。

④ 憎菌性

陶瓷釉层内最好含有特殊的防菌材料，可以有效抑制细菌的滋生，消除尿液因菌化作用而产生的异味及尿垢、尿碱。

⑤ 现场试水

选购时，可在现场试水，看冲刷速度及干净程度。

工艺解析

第一步：基层处理 ●

用铲子将墙体上的污物全部铲掉，保证墙体平整，安装方钢管骨架及干挂的石材饰面，同时安装水箱及感应器。

● **第二步：挂线打孔**

测量安装高度，挂线高度距地面的距离为900mm，确定打孔位置，电锤打孔。

第三步：安装排水管 ●

在小便斗下方合适位置开设排水管所需的孔洞，将排水管穿过方钢管骨架及石材饰面安装，隐入墙体。

● **第四步：安装小便斗**

悬挂小便斗，调整好方向，使小便器与墙体尽量贴合。

第五步：完成面处理 ●

小便器与墙体打玻璃胶，排水管道接入下水道，并做好密封。

小便斗多用于公共建筑的卫生间，现在有些家庭的卫浴间也装有小便斗。

小便斗实景效果图

7.5
坐便器

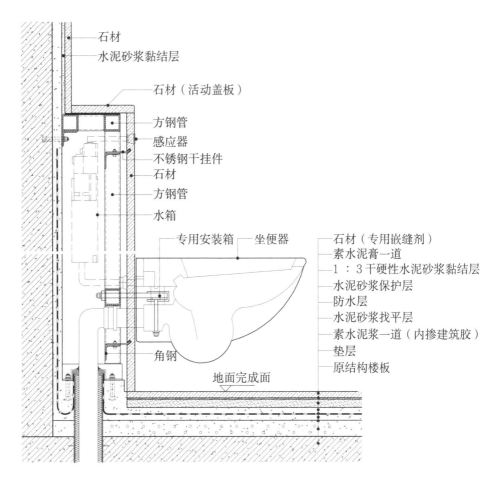

石材
水泥砂浆黏结层
石材（活动盖板）
方钢管
感应器
不锈钢干挂件
石材
方钢管
水箱
专用安装箱　坐便器
石材（专用嵌缝剂）
素水泥膏一道
1：3干硬性水泥砂浆黏结层
水泥砂浆保护层
防水层
水泥砂浆找平层
素水泥浆一道（内掺建筑胶）
垫层
原结构楼板
角钢
地面完成面

坐便器节点图

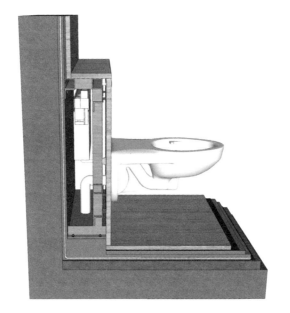

扫 / 码 / 观 / 看
"坐便器"三维节点动图

坐便器三维示意图

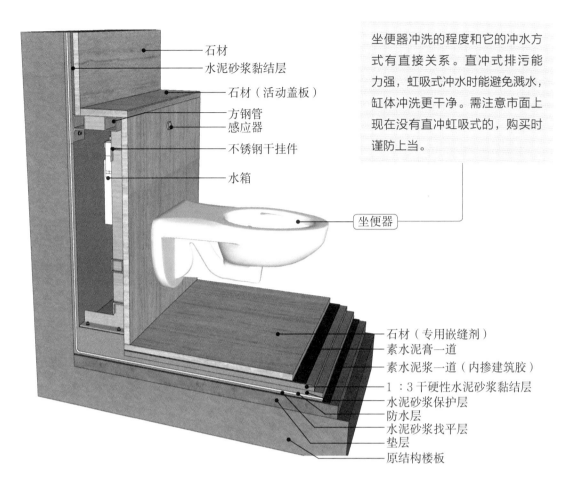

石材

水泥砂浆黏结层

石材（活动盖板）

方钢管

感应器

不锈钢干挂件

水箱

坐便器冲洗的程度和它的冲水方式有直接关系。直冲式排污能力强，虹吸式冲水时能避免溅水，缸体冲洗更干净。需注意市面上现在没有直冲虹吸式的，购买时谨防上当。

坐便器

石材（专用嵌缝剂）

素水泥膏一道

素水泥浆一道（内掺建筑胶）

1：3干硬性水泥砂浆黏结层

水泥砂浆保护层

防水层

水泥砂浆找平层

垫层

原结构楼板

坐便器三维示意图解析

--- **/ 坐便器的分类 /** ---

连体式

特点：连体式坐便器是指水箱与座体合二为一设计，较为现代高档。体形美观、安装简单、选择丰富、一体成型，但价格相对贵一些

分体式

特点：分体式坐便器是指水箱与座体分开设计、分开安装的坐便器。较为传统，生产上是后期用螺丝和密封圈连接底座和水箱，所占空间较大，连接缝处容易藏污垢，维修简单

工艺解析

第一步：裁切下水口

根据坐便器的尺寸，把多余的下水口管道裁切掉，一定要保证排污管高出地面 10mm 左右。

第二步：确定坑距、排污口位置

先确认墙面到排污孔中心的距离及坐便器的坑距。之后翻转坐便器，在内装有水箱的石材饰面上确定中心位置并画出十字线，或者直接画出坐便器的安装位置。

第三步：安装坐便器

将坐便器对准石材饰面上的安装线，保持坐便器水平，用力与石材饰面压紧，并与石材饰面的方钢管骨架用专用安装挂件固定。

第四步：安装坐便器盖

将坐便器盖安装到坐便器上，保持坐便器与墙的间隙均匀，平稳端正地摆好。

第五步：打胶

坐便器与石材饰面的交会处，用透明密封胶封住，这样可以把卫生间的局部积水挡在坐便器的外围。

坐便器实景效果图

坐便器除了实用功能外，还起到装饰
卫浴间的作用，因此它的色彩与洗脸
盆及卫生间的整体色调一致较好。

7.6
蹲便器

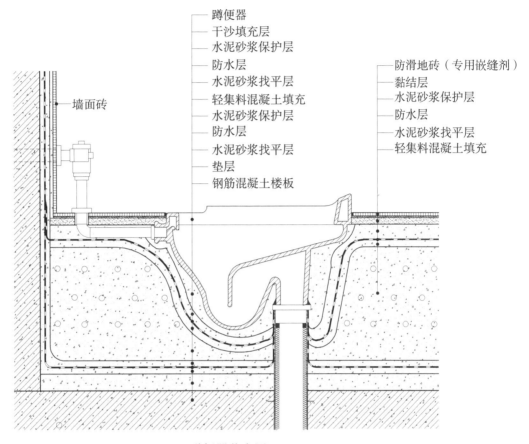

墙面砖

蹲便器
干沙填充层
水泥砂浆保护层
防水层
水泥砂浆找平层
轻集料混凝土填充
水泥砂浆保护层
防水层
水泥砂浆找平层
垫层
钢筋混凝土楼板

防滑地砖（专用嵌缝剂）
黏结层
水泥砂浆保护层
防水层
水泥砂浆找平层
轻集料混凝土填充

蹲便器节点图

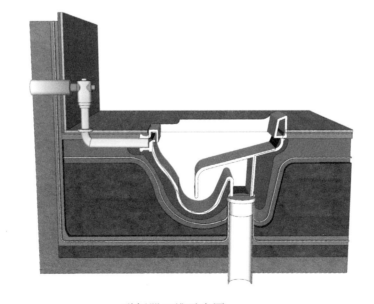

蹲便器三维示意图

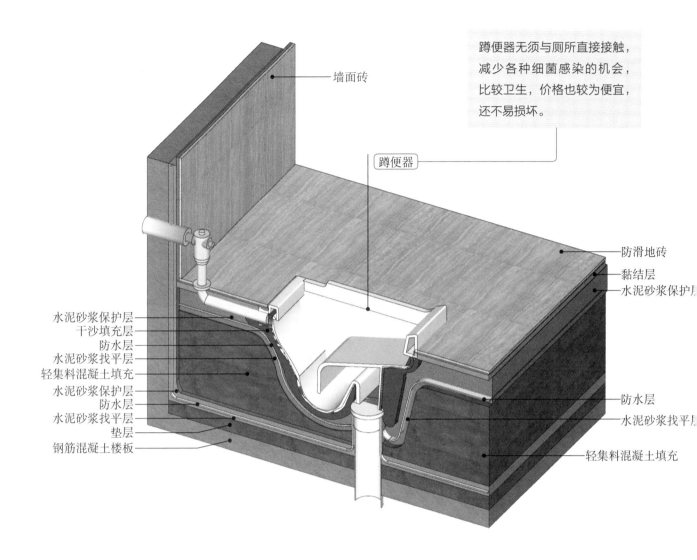

墙面砖

蹲便器无须与厕所直接接触，
减少各种细菌感染的机会，
比较卫生，价格也较为便宜，
还不易损坏。

蹲便器

防滑地砖
黏结层
水泥砂浆保护层

水泥砂浆保护层
干沙填充层
防水层
水泥砂浆找平层
轻集料混凝土填充
水泥砂浆保护层
防水层
水泥砂浆找平层
垫层
钢筋混凝土楼板

防水层
水泥砂浆找平层
轻集料混凝土填充

蹲便器三维示意图解析

/ 蹲便器冲水阀漏水处理方法 /

① 向上抬起浮臂，若水停止流动，则问题在于没有将阀柱塞压入浮球阀中导致浮球无法提升到足够的高度。问题产生最有可能的原因是浮球与水箱的侧壁产生摩擦，解决这种情况的方法是稍稍弯曲浮臂，使浮球离开水箱的侧壁。

② 若浮球未接触水箱，则抓住浮臂，逆时针转动浮球，将浮球从浮臂末端拆下。晃动浮球，判断其是否进水，水的重量会使浮球无法正常升高。如果浮球中进了水，把水甩出再将浮球重新安装到浮臂上；如果浮球中无水，将浮球装回原位，再轻轻地弯曲浮杆，将其降到足够低的位置，以使浮球阻止新水进入水箱。若浮球受损或受到腐蚀，则对浮球进行更换。

③ 如果上述步骤均无法解决问题，请检查冲水阀阀座处的水箱球塞。水里的化学残渣可能导致球塞无法移动到合适的位置，或者球塞本身已经朽坏。

工艺解析

第一步：预留下水管道

根据所安装产品的排污口，在离墙适当的位置预留下水管道，同时确定下水管道入口距地平面的距离。

第二步：制作凹坑

在地面下预留蹲便器凹坑，保证其深度大于蹲便器的高度，并在蹲坑完成后做一层防水，再将蹲便器固定到安装位置。

第三步：将连接胶塞与进水孔卡紧

在与蹲便器进水孔接触的外边缘涂上一层玻璃胶或油灰，将进水管插入胶塞进水孔内，使其与胶塞密封良好，以防漏水。

第四步：涂抹玻璃胶

在蹲便器的出水口边缘涂上一层玻璃胶或油灰，放入下水管道的入口旋合，用干沙作为填充层将蹲便器架设稳固。

第五步：水泥砂浆固定

先用水泥砂浆将蹲便器固定在水平面内，平稳、牢固后，再在水泥面上铺贴卫生间地砖。

蹲便器蹲久了易使人腿脚发麻，站起来会头晕，若是老人、小孩及残障人士等体弱的人使用时，应在其周围安装辅助把手。

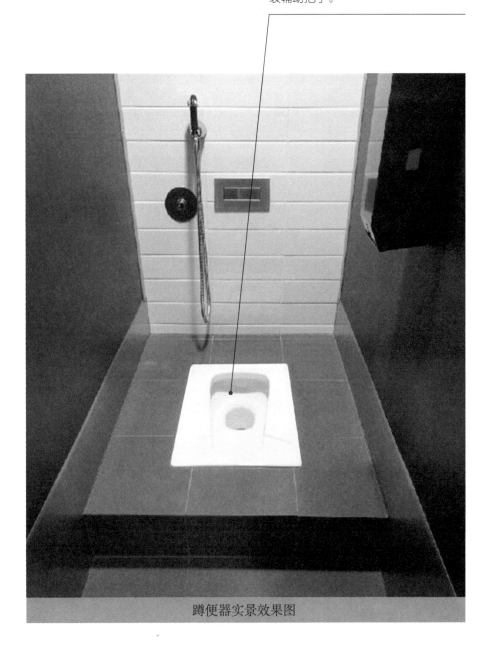

蹲便器实景效果图